U0342471

红外热成像理论与应用

彭岩岩　宫伟力　著

北　京
冶金工业出版社
2022

内 容 提 要

本书系统地介绍了红外热成像的发展历史与应用领域，红外热成像技术的基本原理，红外图像的特点与技术处理，地质力学模型实验红外探测应用，湍射流结构红外热成像分析等内容。本书为作者从事红外热成像技术理论研究与实验研究的成果总结，对从事红外热成像技术研究与应用的科研人员有一定的参考价值。

本书可供土木工程、岩土工程、流体力学和地质工程等专业的研究人员阅读，也可供大专院校相关专业的研究生和高年级本科生参考。

图书在版编目（CIP）数据

红外热成像理论与应用/彭岩岩，宫伟力著. —北京：冶金工业出版社，2020.12（2022.8 重印）

ISBN 978-7-5024-8697-6

Ⅰ.①红… Ⅱ.①彭… ②宫… Ⅲ.①红外成像系统 Ⅳ.①TN216

中国版本图书馆 CIP 数据核字（2021）第 017868 号

红外热成像理论与应用

出版发行	冶金工业出版社		**电　话**	（010）64027926
地　址	北京市东城区嵩祝院北巷 39 号		**邮　编**	100009
网　址	www.mip1953.com		**电子信箱**	service@ mip1953.com

责任编辑　高　娜　美术编辑　吕欣童　版式设计　禹　蕊
责任校对　郭惠兰　责任印制　李玉山
北京富资园科技发展有限公司印刷
2020 年 12 月第 1 版，2022 年 8 月第 2 次印刷
710mm×1000mm　1/16；11.75 印张；224 千字；175 页
定价 66.00 元

投稿电话　（010）64027932　投稿信箱　tougao@cnmip.com.cn
营销中心电话　（010）64044283
冶金工业出版社天猫旗舰店　yjgycbs.tmall.com
（本书如有印装质量问题，本社营销中心负责退换）

前　言

随着科学技术的发展，遥感技术与岩石力学结合到了一起，形成了一门新的学科，即遥感岩石力学。在这个领域中，红外热成像是最主要的手段之一。红外热成像具有实时、无损伤和遥感探测等特点，在工程与地质灾害的探测、材料无损检测、目标的追踪与识别、地质地理信息与空间技术等各个领域有着广泛的应用。红外热成像的遥感对象是地面上各种工程材料组成的目标，比如岩石、土壤或混合建筑材料。遥感的基本原理是力-热耦合，即探测目标在外力作用或运动状态下产生变形或破坏时，会发出不同强度的红外辐射。因此，在实验室条件下，研究受载的岩石材料与流体运动的红外辐射规律，对于红外遥感数据的准确与定量分析，具有基础性意义。

自 2010 年起，作者参加了中科院院士何满潮教授作为首席科学家的"973"计划项目（2006CB202200）与教育部创新团计划项目（IRT0605）的地质模型红外探测研究。在何满潮院士的学术团队（即现在的中国矿业大学（北京）深部岩土力学与地下工程国家重点实验室）中工作，作者有了更多的机会参加前沿科学问题的研究。何满潮院士对作者在学术上无私的帮助，使作者走进了岩体力学领域，开展的红外探测包括了大尺度层状岩体巷道开挖过程、深部巷道的变形破坏过程以及岩爆过程。自 2010 年到现在，红外热成像在岩体力学实验探测的研究，将红外遥感岩石力学的研究推向了一个新的高度，取得了创新性科研成果，并在国际著名期刊上发表了多篇高水平的学术论文。随着近年来我国卫星及太空技术的发展，基于红外热成像的遥感技术得到了越来越多的重视。为了进一步推动红外热成像技术在工程与地质灾害探测、岩石力学行为机理认识以及红外热像定量分析技术的发展，作者感到有必要将多年的研究成果总结出来，以供相关领域的科研人员与高校师生参考，以期推动岩石力学红外探测的进一步发展。

本书是一部有关红外热成像理论与应用的专著，主要涉及红外热成像在岩石力学、岩体力学及流体力学中的应用，共分7章。第1章介绍了红外热成像技术的研究现状，包括研究内容、研究方法和研究意义等。第2章是红外热成像的基本理论，介绍了红外辐射的基本特征、辐射度学和光度学基础以及热辐射的基本规律。第3章介绍了地质力学模型实验所依托的工程地质背景及地质力学模型实验系统的技术特点，通过量纲分析方法进行了地质力学模型实验相似参数的设计，介绍了巷道围岩地质力学模型实验过程中运用的红外热成像仪器和相关红外热成像技术的优势。第4章介绍了红外图像的特点、红外图像的格式转换、红外图像等温区的分割提取、红外图像的静态影响消除（滤噪）等一系列的操作处理方法。第5章首先介绍了红外图像的处理顺序和分析方法，并根据新、旧红外图像和模型照片对水平岩层地质力学模型巷道的变形破坏过程进行了整体分析，表明红外图像增强后能够清晰地反映温度场的微小变化；最后介绍了红外热成像技术在地质模型巷道中的应用前景和优势。第6章介绍了45°倾斜岩层地质力学模型的整个加载过程和平均红外辐射温度（IRT）随时间变化曲线，详细分析了不同应力状态下的红外图像特征和傅里叶频谱特征，通过红外图像和傅里叶频谱的互补分析，揭示了45°倾斜岩层地质力学模型破坏的前兆预警信息。第7章介绍了红外热成像在流场中的应用，主要介绍了射流涡旋场的红外辐射规律和射流分段结构的红外辐射规律。

红外遥感信息的载体是红外图像，其中蕴含着丰富的探测目标行为的信息。然而，红外图像又是典型的低信噪比图像。特别是在岩石力学探测中，常常采用被动红外（对探测目标不加热），目标的辐射一般比较微弱，因而得到的图像比较模糊。因此，如何对低信噪比、模糊的红外图像进行处理，提取其中所关心的信息，是红外遥感的关键问题之一，同时也是本书的特色。

在本书出版之际，作者要特别感谢博士导师何满潮院士，正是何院士的远见卓识，将红外热成像引进了岩体力学实验，拓宽了红外遥感岩石力学的研究领域。何满潮院士深厚的学术造诣、大师级的学术思想与创新思维，使作者受益良多。何满潮院士将作者领进了红外探测领域的大门，作者特别怀念在"深部岩土力学与地下工程国家重点实验室"从事研究的时光，也特别感谢何满潮院士在学术上的帮助与指导。本书第二作者宫伟力教授是本人在深部岩土力学与地下工程国家重点实验室的合作指导老师，为本书的完成作出了重要贡献。作者还要感谢硕士研究生邢铭鸿、宋南和荣亮在本书校稿方面所做的工作。感谢为本书出版提供支持的专家和朋友。

由于作者水平所限，书中难免有疏漏和不足之处，衷心希望读者批评指正。

作　者

2020 年 8 月于杭州

目 录

1 绪 论

1.1 红外热成像技术概况

1.1.1 红外辐射研究历史及现状

20世纪70年代，英国科学家开发了利用热辐射仪进行金属材料应力分析的实验固体力学新方法[1]。1979~1980年，Holt F B. 和 Manning D G.[2,3] 使用红外热成像技术来检测混凝土桥梁表层及内部缺陷，并讨论了在地面使用和空中遥感探测的异同点。1985年，法国学者 Luong M P. 利用热成像技术，进行了一系列的混凝土和岩石破裂过程的红外辐射现象观测研究[4~11]。他把内部损伤所引起的热能作为研究参数，从作用过程的热力耦合出发，一旦出现由外力作用引起的不可逆微裂纹，随后产生的裂纹发育和增长过程可以用红外热成像技术来实时、无损和非接触监测，观测损伤过程和破坏机理，判断内部损伤出现位置，进行疲劳强度评价，从图像上观察，破坏位置显示准确，结构的破坏演化过程形象直观。Nagataki，Sakagami[12~14] 等使用红外热成像技术进行混凝土结构的裂纹尺寸评价，研究了裂纹的厚度或深度与表面温度效应的量化关系，以及环境因素的影响。

1988年，苏联地震专家 Gorny V I.[15] 在研究中亚地区的地震时，发现许多中强地震在震前的卫星图像上出现热红外异常，引起了地震界和遥感界学者的极大关注和迅速反映。为探测发生热红外异常的内部机制，自19世纪90年代以来，先后有一批学者进行了岩石加载过程中红外辐射实验探测研究。基于地震闪光、地震地面增温及地震前卫星红外异常现象的观察与分析，在原国家科委、国家自然科学基金委和国家地震局的支持下，中国地震局综合观测队与中国科学院遥感应用研究所、中国地震局地球物理研究所、航天部二院207所合作，选择以北京地区为主的26种地壳岩石制作试件，利用 SE-590 型瞬态光谱仪、IRIS 型智能光谱仪、ER2007 型红外辐射温度计以及红外热像仪等仪器，进行了岩石单轴压缩条件下的红外辐射观测实验。实验发现，岩石红外辐射温度、红外光谱辐射强度以及红外热像随岩石应力变化而变化，并记录到了岩石破裂瞬间的可见光脉冲信号[16~18]。

此后，上述单位的科研工作者，继续联合进行了岩石和混凝土单轴压缩、花岗岩双轴摩擦、钢板拉伸等一系列红外辐射和微波辐射的实验研究[19~25]。主要结论有：（1）随着荷载增加，岩石红外辐射能量增加；（2）3.5~5.5μm 和 8~14μm 是最佳选择波段，可见光和近红外波段反映不明显；（3）岩石主破裂发生前，出现低温条带、低温区、高温条带、高温区现象；（4）岩石破裂时，可见光和红外光谱测量都出现了持续的（70~870ms）光脉冲和热辐射脉冲；（5）岩石弹性变形期间的红外辐射能呈上升趋势，塑性变形期间呈下降趋势；（6）在8.3~10.1μm、10.3~12.2μm 和 13.0~15.1μm 波段，岩石波谱辐射强度随应力变化较大；（7）在加载过程中，岩石的微波辐射亮度温度随应力的增加而增加，临破裂前加速增加；（8）混凝土的微波辐射能量和红外辐射能量均随应力变化而显著变化；（9）钢板的拉伸断裂过程中的微波辐射亮度温度随应变增加而增加，到试件断裂时，总增加量约 2℃，红外辐射温度及红外辐射波谱的幅值均随应变的增加而增加，钢板断裂前断裂位置已被红外显示；（10）岩石摩擦黏滑过程中，"闭锁点"附近出现 5℃ 以上的强红外辐射增温。

1995 年，陈健民针对发生在井上、井下与地应力有关的大量低温红外辐射现象，提出了电弧理论、流动电位理论、电压效应理论等宏观解释，把地应力加速积累过程中产生的各种效应作为激发能量源，提出岩体矿物中"原子振动能量子"跃迁机理[26]。邓明德等[27]对含水岩石加载过程中的红外辐射进行实验研究，发现岩石含水后其红外辐射能力比干燥时有所降低，但加载过程中含水岩石的红外辐射能力随应力的增加大于同种干燥岩石的增加量，即水对于受力岩石红外辐射起到了推动作用。崔承禹、耿乃光、尹京苑、邓明德等分析了岩石的热模型[28]，进行了热红外震兆成因的模拟试验[29]和红外遥感用于地震预测及其物理机理的研究[30]，并将红外遥感用于大型混凝土工程稳定性监测和失稳预测的研究[31]，实验得出了岩石和混凝土的红外辐射能量随压力变化而显著变化的结果，这个过程和温度无关，完全由压力引起，不需经历生热的中间物理过程；提出了由温度异常引起的红外辐射能量变化以及将两者分离出来的理论和方法，进而反演介质的温度和应力，并提出了红外遥感预测地震的两种物理机制。

吴立新等在 1996~2001 年间，对多种加载方式下岩石的红外辐射效应进行了实验研究，发现了许多重要结论，主要有：（1）煤岩单轴压缩屈服过程中有 3 类辐射热像特征和 3 类辐射温度异常特征，且分别对应 3 类屈服前兆信息；随压应力、剪应力上升，岩石试块的红外辐射强度总体呈上升趋势；而拉应力对岩石试块的红外辐射影响不大，几乎监测不到异常前兆，试块单轴压缩、压剪破裂前，沿破裂位置出现红外辐射高温异常前兆；$0.79\sigma_c$ 可作为煤岩稳定性监测的应力警戒区[32~35]。（2）均匀大理岩对顶锥式（X 式）破裂中心的红外辐射升温值高达 22.8℃，并出现粉尘辐射流现象[36]。（3）在穿孔岩石单轴压缩加载方式的红外成像实验中，发现在试件破裂位置出现红外前兆，前兆能够反映破裂位置和破裂的形式；在孔口压裂位置和孔内沿压裂带出现红外辐射升温点或升温迹线[36,37]。（4）在岩石压剪实验中发现，加载过程中，随荷载增加，沿剪切带出现红外正异常条带；剪切破裂前，异常条带有平静即降温现象；破裂后试块内部沿剪切面的红外辐射温度与剪切时间有关，剪切时间越长，温度越高；大理岩试块内部沿剪切面的最高红外辐射温度超过60℃[37]。（5）在钢球撞击不同材料的红外成像实验中发现，球体大小不变时，靶元受撞击瞬间的辐射升温幅度与落球势能线性相关；撞击后靶元的辐射升温幅度与靶元材料及靶面光洁度有关，升温幅度依次为混凝土、抛光大理石、钢板、木板、抛光花岗岩、抛光大理石和有机玻璃；一旦确定了与弹体特征和靶体材料相对应的撞击势能、靶元辐射升温幅度的关系函数及有关参数，就可以实现基于 TIR 遥感成像技术的固体撞击瞬态过程的侦测和反分析[38]。（6）在进行钻进和刻划过程红外成像的实验中发现，试块的红外辐射强度随钻进而迅速上升，钻进位置探测到的最大表面辐射温度为85℃左右；辐射强度的大小与刻划材料及其钝锐状态、被刻划材料及其表面光洁度、刻划力度及刻划速度等密切相关；在岩石与岩石、铁钉与岩石、混凝土的刻划过程中，刻划位置的瞬时红外辐射温度最大可超过300℃[37]。

2000 年左右，中国矿业大学（北京）安里千教授和张东胜博士[39~41]将光弹性实验和红外辐射探测联系起来，进行了环氧树脂受力变形过程的红外辐射成像探测与光弹性测试对比实验。结果表明：（1）按不同温度分辨率分割的红外热像等温区级数与光弹图的应力条纹级数之间存在线性对应关系；（2）红外热像的等温区梯度分布与光弹图的应力条纹分布有较强的空间对应关系；（3）以拉应力或压应力为主的区域，分别对应红外热像中的"降温区"或"升温区"，为解决受力物体的红外辐射定量分析提供了良好的开端。

2001~2004 年，吴立新和刘善军[42~45]等人进行了针对首都圈地区多暗色矿物类岩石（花岗闪长岩、辉长岩及片麻岩）的单轴压缩、压剪和摩擦滑动的红外辐射探测实验。发现：（1）在加载至应力峰值过程中，岩石平均红外辐射温度与应力成正相关关系；在加载至应力峰值过程中，岩石平均红外辐射温度与所受机械功呈三次曲线关系；应力峰后破裂过程中，岩石沿剪切破裂带辐射温度升高，而在应力松弛或张性区，辐射温度有所降低。（2）岩石压剪破裂过程中，剪切带的平均红外辐射温度随时间的总体变化趋势与岩性和剪切角有密切关系，抗剪强度越大，剪切角越高，破裂瞬间的红外辐射强度就越高。（3）双剪摩擦滑动过程中，摩擦速率、正应力、摩擦面粗糙度、机械功、岩石强度与矿物颗粒硬度是影响岩石摩擦滑动红外辐射的重要因素。

综上所述，经过将近二十年的努力，关于岩石变形破坏过程中红外辐射规律的研究，在基础试验与理论研究方面取得了一定进展，显示出巨大的潜力，可望为解决目前存在的许多非线性问题提供新的思路，例如，描述岩石变形至破裂过程中物质和能量交换，确定岩石、混凝土的强度分散性，探索地下岩石工程开挖过程的岩爆等动力灾害，进行矿柱稳定性、矿山岩爆、煤爆、煤与瓦斯突出、山体滑坡、浅源地震等地质灾害的监测预报研究。但是，作为一门年轻的交叉学科，由于受到基础理论、仪器设备等诸多因素的限制，所做的研究主要是定性的、不够系统的，真正将遥感岩石力学这一新的学科理论体系建立起来，使其成熟和完善，并能成功地指导实践，还有相当长的路要走，更需要其他学科的专家、学者积极参与，共同努力。

1.1.2 红外热成像技术发展概况

岩石力学是一门边缘学科，它以固体力学、流体力学、计算力学、结构力学、弹塑性理论、地球物理等基础理论为依托，以服务工程建设为目的。长期以来，岩石力学的研究采用了多学科合作、协同研究的途径，注重科学实验、理论分析和工程验证三个环节的紧密结合，取得了令人瞩目的成就。但由于岩石力学目前的学科基础仍以线性连续介质力学为基础，因而计算的结果很难适应工程建设的需要。当今，复杂条件下的岩土工程如"三峡""二滩"及"南水北调"等提出了新的研究课题，这些工程投入大、风险高，要求在施工前对工程可靠性和稳定性做出满意的评价，这就需要人们能够对岩石的变形运动进行定量分析和描述[46]。

1956 年，岩石力学从材料力学中分离出来，成为一门独立的学科，到今天已有 50 多年的历史。在此期间，人们进行了多种岩石力学实验，并研制开发了多种测试系统，研究了岩石静态和动态的力学性质。例如，岩石在加载过程中的应力-应变关系、弹性波速与应力的关系和声发射率与应力的关系等[47~49]。但由于岩石介质的复杂性，使得岩石工程中仍有一些重要问题未能得到很好的解决。

从岩石的微观结构上讲，一方面因为大量节理、裂隙的存在，岩石不是连续介质；另一方面，岩石仍属于结晶材料，故岩石也不是离散介质。这说明从构造本质上讲，岩石是一种非线性材料。除此之外，岩石的非线性本质还表现在岩石的变形、演化以及其中裂隙和空隙空间分布的复杂性和高度无序性等方面。

岩石是明显的脆性材料，其非弹性响应十分复杂，表现出在金属、合金和聚合物中所未发生过的某些不寻常的特点。这些特点主要由存在于材料中的空洞、裂纹、晶粒、胶结、分层等细观结构对材料响应的显著影响引起，也是由于流体压力对材料响应的影响引起的。这便导致了人们都知道的尺寸效应，较大试样的力学行为受结构面影响比小尺寸试件的影响大。表现出的材料特性[50]为：（1）非弹性体积变化，剪切增强，压实，扩容，以及由于裂纹和空洞的存在所引起的依赖于压力的屈服；（2）内摩擦引起的流动中可能的非正交性；（3）脆性应变软化，裂纹和空洞可能引起的弹性的非线性变化，而卸载行为通常是非弹性的；

（4）非线性蠕变，变形随时间而增长，在应力不变的情况下微裂隙会不断发生、变形不断增长，经过一段时间甚至破坏。

近年来非线性力学发展很快，提出了许多理论和方法，比如分形[50~52]理论迅速发展，用分形维数来描述岩体破裂过程不失为有效的方法；有限元[53,54]和离散元等方法发展得也非常迅速，解决了许多难题。但是，许多非线性力学现象，诸如：将岩石细观的断裂机理与宏观特性结合起来[50]，并以某些更基本的物理量表示；有效地测量岩体中应力场的分布和变化[55~56]；建立更适于体现应力应变关系的物性方程[57~60]；有效地描述和确定岩石和混凝土的强度分散性；有效地探测和预测地下岩石工程的开挖过程中的岩爆[61]等动力现象；有效地研究试样加压失稳、煤岩体失稳、煤柱失稳、浅源地震、滑坡、冲击地压[61]及地质岩体失稳破裂等；描述岩体变形—破裂—结构—运动的全过程；描述和确定岩石变形至破裂过程中的物质和能量交换等，用现有的理论和方法还不能完全解决，所以引入新的理论和方法是有必要的。

近二十年来，关于红外遥感技术在岩石力学中的应用，我国的科研工作者进行了大量、系统的研究，研究领域十分广泛，包括大理石、花岗岩、煤岩等各类岩石，获得了大量的实验数据，发现了许多有意义的现象和规律。由于这是一种新的研究方法，要使其成熟和完善还有相当长的路要走，需要综合力学、动力学、热力学、量子力学和红外物理等多种学科，同时借鉴其他成熟的研究。光测弹性力学经过了100多年的发展，已相当完善，是一种非常有效的力学分析手段，并在工程中得到了广泛应用。通过光弹性实验可以直观地得到全场的应力分布状态，也可以定量地得到全场应力的大小和方向[62~68]。

遥感技术的崛起为岩石力学的研究与发展带来了新的生机。在国家科委和国家地震局的支持下，中国科学院、国家地震局和国家航天局的一些科研工作者联合开展了一系列的岩石力学实验，使用的遥感仪器有红外辐射温度计、瞬态光谱仪、智能光谱仪、红外光谱辐射计、红外热像仪、毫米波辐射计和厘米波辐射计等，覆盖了从可见光、近红外、中红外、远红外直到微波的波段，实验取得了一定的结果[69~74]。实验表明，岩石加载过程中的红外和微波遥感信号随岩石所处的应力状态而变化，岩石破裂前这些变化显示出前兆性的特征。随着科学技术的进步，一些现代科技成果运用到岩石力学中来，遥感技术的崛起为岩石力学的研究与发展，带来了新的生机[75~80]。红外遥感技术与岩石力学相结合，从而在岩石力学领域建立了一个新的学科——红外遥感岩石力学。

最原始的热像仪是以相机胶卷记录图像的二维慢帧扫描器，当时称为自动温度记录仪。直到20世纪50年代，由于制冷式锑化铟和锗掺汞光子探测器的发展，才制成实时快帧热像仪。20世纪60年代，出现了第一台实时热成像装置，这一时代的热像仪是以热电技术为基础的。最初的热像仪为单元探测器，扫描速度慢，图像清晰度差，温度灵敏度也较低。为提高扫描速度，发展了多元扫描探测器，多元探测器又可分为多元线列串扫和多元线列并扫以及二者结合的多元面阵串并扫三种。这一时代的热像仪为第一代热像仪，由于受元数的限制，性能不可能有很大提高。另外，在第一代热像仪中，必须加入一维或二维的光机扫描器，这种扫描器需要有较高的扫描精度。第一代热像仪出现的图像不佳问题，大部分是由此原因造成的。所以，扫描机构不仅复杂，而且成本高，还影响到可靠性。20 世纪 70 年代，出现了第二代热像仪，其标志是使用红外焦平面阵列（FPA）探测器技术，它是借助于集成电路的方法，将探测器装在同一块芯片上并具有信号处理功能，利用极少量的引线把每个芯片上成千上万个探测器信号读出到信号处理器中。这种焦平面阵列的优点是：既在焦平面上封装高密度探测器，又能在焦平面上进行信号处理[81]。目前，焦平面探测器的结构主要有两种：一种是单层焦平面阵列，它的信号探测和信号处理是在同一片半导体材料中进行的。探测器通常采用 MIS 结构，这种结构方式最便于生产制作，但是它的信号只能一个接一个地传递，有不定量的信号丢失，会造成准确度和再现性的偏差，其充填率约为 50%，所以单产焦平面阵列探测器的应用受到信号处理、动态范围、容量和性能的限制。另一种方式是混合焦平面阵列，这种方式是把探测器的作用摆在上层，信号处理的功能置于下层，信号的传输是由铟接点来完成。它的特点是具有最小的输入电容，有极高的充填率，可以达到 88%；噪声温差低，灵敏度更高；信号传输效率较高，传输损失小，其像质的准确度和再现性也较高。

由于热像仪造价昂贵，技术复杂，存在可靠性问题，限制了它的推广应用，因而，国外从 20 世纪 70 年代中期开始，推行一种通用组件化方案。所谓"通用组件"是指成套光学和电子学标准部件，它们是任一热像仪的通用核心部件，再配上所需的望远光学系统、显示器和框架，组装成不同构形和性能的特殊形式热像仪，供不同场合的需要。通用组件化计划的实施，使热像仪易于批量生产，大大降低了成本，而且组装灵活，更换容易，并使系统的可靠性、耐用性明显提高。

目前，国外的红外热成像装置已发展为数百种产品，普遍使用在军事领域。根据 1998~1999 年简氏光电子系统手册统计，国际上有 132 个厂家研制和生产大约 565 种热成像系统，其中 9 家研制和生产的系统约 257 个，接近总数的一半。目前，最好的热像仪灵敏度达到 0.001℃，如英国 Ometron 公司的 SPATE9000 系统[82]。MIKRON 的高温热像系统 M9100PYROVISION 系列，在光谱的近红外部分工作，温度探测范围是 600~4000℃，空间分辨率可达 776 像素×484 像素。ASA1000 热像仪的图像采集速度可达到 1000 帧/s。

在无损检测技术中，由于红外热像检测本身具有全天候、实时性、全场性、非接触等优点，目前这项技术已被广泛应用于金属材料[83~86]、塑料[87~89]、陶瓷[89]、混凝土[90]、化合材料[91~93]、结构工程[94~97]等领域的缺陷检测中。

我国红外热成像技术的发展起步较晚，开始于20世纪50年代，到70年代才在军事民用方面进行推广，80年代后期这项技术逐步走向成熟。目前，红外热成像技术在我国已经取得比较成熟的发展，我国已具备了研制和开发高性能红外热像仪的能力，而且对这项技术的应用已经涉及石油、化工、电力、电子、材料检测、医学等国民经济的许多领域。

1.2 红外热成像技术的应用

从红外物理学知道，温度高于绝对零度的任何物体都会向外界辐射能量，红外热成像技术就是利用这种物体的辐射能进行工作的系统。它首先运用光学系统将物体发出的红外辐射能收集起来，经光机扫描后聚集于红外探测器上，产生与物体温度有关的电子视频信号，经放大处理后送入显示器显示，获得物体的红外热分布图像。其结构流程如图1-1所示[98,99]。

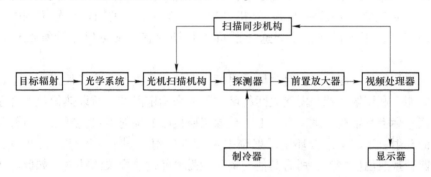

图1-1 红外热成像系统的结构流程

红外热像仪的主体一般由两部分组成，即红外摄像头（包括光学系统、光机扫描机构、探测器以及扫描同步机构等）和处理器（即主系统，包括前置放大器以及视频处理器等）。红外摄像头的探测器接收来自物体表面的红外辐射能并将其转化成电信号，处理器将该电信号转化成数字信号并将其存储在图像存储器中，当获得一幅完整的图像信息后，该图像就在显示器上显示出来[100,101]。

热成像技术是将不可见的红外辐射转化为可见图像的技术，利用这一技术研制成的装置称为热像仪。热像仪是一种二维平面成像的红外系统，它通过光学系统将红外辐射能量聚集在红外探测器上，并转换为电子视频信号，经过电子学处理，形成被测目标的红外图像，用显示器将该图像显示出来[102]。与可见光的成像不同，它是利用目标与周围环境之间，由于温度与发射率的差异所产生的热对比度不同，把红外辐射能量密度分布图显示出来，成为"红外图像"。从红外热像仪的成像原理可知，能对二维表面温度场进行测量和测量的非接触性，是红外热像仪的两个主要特点。此外，热像仪还具有以下特点[103]：

（1）被动式。热像仪不需要配置辐射源，它完全利用目标自身的红外辐射成像。

（2）全天候。热像仪可以在昼夜 24h 执行任务，可在多雾气候下观测，也可在漆黑的夜间工作。

（3）实时性。可以动态、实时获得目标的红外图像，利用这一特点可以跟踪和监测动态目标的行踪。

（4）全场性。不同于一般的温度测定方法，热像仪可以直观地显示物体表面的温度场分布。测温仪只能显示物体某一点的温度值，而热像仪则可以同时测量物体表面各点的温度。

（5）较高的温度分辨率。现代的热像仪最高温度分辨率可以达到 10^{-3}K 级。

（6）采用多种显示方式。可以利用假彩色显示不同温度的分布图像，也可以利用模数转换技术，用数字显示物体各点的温度值。

（7）可以储存数据和进行计算机处理。热像仪输出的图像信号可用数字存储器储存，或用录像带记录，这样既可以长期保存，又可以用计算机作运算处理。

利用热像仪不能直接测量物体的温度，而是测量投射到热像仪探测器上的红外辐射能，利用辐射能与温度之间的函数关系来确定温度，所以热像仪所显示的温度值实际上是辐射温度。事实上，热像仪所接收的辐射不仅包括来自目标物体表面的辐射，还包括来自环境反射辐射和大气辐射[104,105]。因此，在测量到的辐射能转换成温度之前，所有其他的辐射能需要经过热像仪的补偿，如此测得的温度才是真正物体的温度。一个好的热像仪在测量时，必须考虑到所有辐射能量的补偿，并以软体的模式键入计算机内[106]。软体模式内有些输入资料必须由操作者键入，这些输入参数包括发射率、距离、大气温度、相对湿度以及物体的背景温度（周围环境的温度）等。软体模式的公式如下：

$$I_{mea} = I(T_{obj}) \times \tau \times \varepsilon + I(T_{sur}) \times (1 - \varepsilon) \times \tau + I(T_{atm}) \times (1 - \tau) \quad (1-1)$$

式中，I_{mea} 为热像仪测量到的总辐射量；$I(T)$ 为温度为 T 时黑体的辐射能量；T_{obj} 为目标物体的温度；T_{sur} 为反射到物体的背景周围环境，在热像仪光谱范围内的平均温度；T_{atm} 为物体与热像仪之间的大气温度；ε 为热像仪在光谱范围内物体的平均发射率；τ 为热像仪在光谱范围内平均大气穿透率。

热像仪就是根据这个软体公式进行温度测量的。可以看出，要利用热像仪准确测量物体的物理温度，是一件非常复杂的事情，好在许多研究中，不必要知道物体的温度，只要知道它的辐射温度，通过物体不同部位的辐射强度，来得到监测物体状态的目的就够了。

热像仪常见的技术参数很多，基本可分为图像质量、探测器性能、温度测量、显示功能、记录存储功能、外接功能、对电源和环境的要求及仪器重量、尺寸八个方面。热像仪的成像质量是其技术性能中的首选，影响像质的技术参数如下[107]：

（1）视场（FOV）。视场是光学系统视场角的简称。它表示能够在光学系统像平面视场光阑内成像的空间范围，即使物体能在热像仪中成像的空间最大张角，一般是矩形视场，表示为水平 $\alpha \times$ 垂直 β，单位为度（°）。

（2）瞬时视场（IFOV）。瞬时视场是由单元探测器光敏面尺寸及光学系统焦距共同决定的观察角。它通常是反映红外热像仪空间分辨率高低的指标，单位为毫弧度（mrad）。

（3）温度灵敏度（温度分辨率）。一般采用在 30℃ 时的噪声等效温差（NETD@30℃）来表示。

（4）噪声等效温差（NETD）。噪声等效温差是衡量热像仪温度灵敏度的一个客观指标。它的定义是热像仪观察特定的黑体目标测试下，其信噪比为 1 时黑体目标与背景的温差。NETD 这个指标的物理意义清楚，容易测量，使用广泛。

（5）最小可辨温差（MRTD）。最小可辨温差这个性能指标既反映热像仪温度灵敏度，又反映热像仪空间分辨率特性，它不仅包括了系统特性，也包括了观察者的主观因素，所以它是一个系统的综合性能指标。它的定义是具有空间频率，高宽比为 7∶1 的四条带目标图案处于均匀的背景中，目标与背景的温差从零逐渐增大。在确定的空间频率下，观察者刚好能分辨（50%概率）出四条带图案时，目标与背景之间的温差，称为该空间频率的最小可辨温差。这个指标目前被广泛用于对红外热像仪的综合评价。

红外热像仪的性能参数多种多样，而且决定热像仪的主要性能参数也是互相关联、互相制约的。如果提高仪器的温度分辨率，就会影响空间分辨率的提高或降低帧速；而空间分辨率的改进又涉及红外探测器的光敏面大小及光学系统的焦距，且要求系统加大宽带，这就导致噪声加大，技术难度增大，还要受到扫描速度的限制。

红外科学在理论和应用上的发展，始终是和红外辐射探测系统与探测方法的发展密切联系在一起的，而红外探测系统的核心是红外探测器，它是把入射的红外辐射能量转变成其他形式能量的能量转换器，红外探测器的工作原理是基于红外辐射与物质（材料）相互作用产生的各种效应。两百多年来红外科学的发展表明，每出现一种性能良好的新型红外探测器，都标志着人类认识红外现象及其本质的进步，同时也有力地推动着整个红外科学及其在相关科学技术领域中的应用和发展。随着半导体材料、工艺技术和器件的发展，根据红外辐射与物质相互作用时产生的各种效应，目前已研制出结构新颖、灵敏度高、响应速度快、品种繁多的红外探测器[108~110]。

红外探测器有不同的分类方法[111]。根据工作温度分类，红外探测器可分为：低温探测器，中温探测器，室温探测器；根据响应波长范围分类，红外探测器可分为：近红外探测器，中红外探测器，远红外探测器；根据结构用途分类，红外探测器可分为：单元探测器，多元探测器，成像焦平面探测器；根据探测机构分类，红外探测器可分为：热探测器，光子探测器等。在现代红外热成像装置中，广泛应用基于禁带半导体材料的光子探测器。其中，碲镉汞（HgCdTe）器件占大多数，这种器件之所以受到重视，主要是它具有高的探测率和较合适的工作温度，而其工作波段可以通过改变材料中 CeTe 和 HgTe 的组分配比加以调整。几种常见的红外探测器及其特性参数见表 1-1。

表 1-1　常见红外探测器及其特性参数

探测器材料	使用波段 /μm	峰值响应波长 /μm	工作温度 /K
Pbs	0.6~3.0	2.3~2.7	室温
InAs	1.3~3.6	3.2	195
Pbsb	0.5~6.5	5.1	195
HgCdTe	6~15	10.6	77
Ge：Hg	3~14	11	30

在物理学上，红外线同时具有可见光和微波的某些特性。一方面，它能借助于透镜和反射镜进行聚焦，借助分光镜进行分光、散射等，类似于可见光；另一方面，它可以透过对可见光是不透明的某些物质，又类似于微波。红外辐射现象总与热（或温度）有关，但它决不能与"热波"的概念相混淆。红外线是一种电磁波，它的传播不借助于任何媒质，可在真空中传播。它的这些鲜明的特性，为将红外热成像探测技术应用于岩石力学领域提供了足够的条件[112,113]。

红外遥感技术在其发展的初期，主要应用于军事及与军事有关的科研与设施，随着经济发展，红外高科技产品大量问世并普及科技领域甚至日常生活中来。红外热成像探测技术是遥感岩石力学的主要研究手段之一，也是最新的研究手段之一[114~116]。中国科学院、国家地震局和国家航天局的一些科研工作者，利用红外热像测试技术在实验研究的基础上，提出了红外热像测试技术在地震勘测和预报方面将有重要的、全新的应用前景[117~121]。现在，我国科技工作者已经利用现代红外热成像这一高新科技，在岩石力学领域得到了许多重要的结论，发现了许多有待深入研究的新现象，例如，岩石受压形变引起红外辐射增强，得到了相应的有关图像，并发现岩石表面的红外辐射随岩石所受应力的改变而改变，从图像分析中发现了岩石破裂的前兆信息等。

红外热成像探测技术正越来越多地在岩石力学方面得到应用，高精度的红外热像仪器不断问世，从最初的"光机扫描式"到现在的"红外焦平面式"，从单帧存储到多帧连续存储；仪器的测试精度也在不断地提高，从最初的 0.1℃ 的温度分辨率到现在的 0.025℃ 甚至于 0.01℃，测试精度已经大大提高[122~128]，以至于从前认为不可能探测到的信息现在能够轻而易举探测到。测试方法多种多样，理论探讨、分析和解释越来越深入，从原来的静态实验到现在的动态实验，实验模拟也越来越接近实际和符合工程应用的需要，并且在技术更新、方法更新上，越来越富有创造性。

1.3 红外热成像技术的研究内容和目标

本书的主要研究内容如下：

（1）研究红外辐射温度场与岩石力学材料辐射的定量关系。红外辐射温度实际上就是测量某一波段内物体表面的红外辐射能量，然后换算成温度。对于受荷载的物体，物体表面红外辐射是由应力而引起，红外图像温度场所反映的信息和应力场的分布密切相关。将反映应力场准确信息的光弹性测试与之结合，是寻求温度场与应力场对应关系有效的方法。通过理论和实验研究，找出红外辐射成像温度场与岩石力学材料之间的关系，从而确定温度变化与应力之间的定量关系。

（2）研究红外热成像测试过程中，环境因素对测试结果造成的影响以及相对应的处理措施或方法，并对结果做出评判。

（3）研究试件受力过程中，材料其本身固有的红外光谱辐射特性的规律和变化规律。

（4）研究红外辐射强度在不同加载速率下随应力变化的规律及特征。

（5）在图像处理中研究图像分析与处理技术，包括对特殊红外图像文件的读取、转化、图像分割、插值、图像增强以及红外图像的配准等。

本书最主要的研究目标：将红外测试技术与岩石力学实验技术相结合，找出温度场和应力分布的定量关系；研究岩石力学相似材料及流体在加载过程中的红外辐射规律及其物理机制，结合热弹性理论、热力学等对加载过程中岩石力学相似材料及流体的红外辐射进行定量分析；研究加载过程中的岩石力学相似材料及流体材料的红外辐射和能量耗散现象和规律，引进红外辐射温度场的变化率来分析和研究固体损伤和断裂前兆；在红外热成像探测受压岩石成像之间通过技术处理和科学的理论推导，建立起两者之间（即红外辐射成像的温度密度分布与傅里叶频谱）的定量关系；利用红外热成像技术解决岩石力学中的岩体受压应力场分布与变化的定量分析问题。

1.4 红外热成像技术的研究方法

本书的研究过程采取红外热成像与岩石力学实验相结合的方法，通过红外热成像仪获取受力试件和岩石力学相似材料及流体上与应力有关的温度场，通过图像处理和分析，并利用相似原理建立起应力场与温度场之间的关系式，即温升与压力变化的定量关系，从而计算出温度变化与应力之间的定量关系。通过红外热成像仪获取受力试件与应力有关的温度场，建立起应力变化与温度分割区（等温区）之间的关系式，从而计算出温度变化与应力变化之间的定量关系。

（1）加载过程中岩石力学相似材料及流体的红外辐射规律研究。岩石材料是复杂的介质，其种类繁多，结构复杂，不可能找到适用于所有岩石的一般规律。通过光弹性相似材料模拟实验，可以进行特定岩石的力学性能的简化研究。光弹性材料是一种性能稳定、特性鲜明的各向同性材料，其力学特性、光学特性以及内部结构特点都已为人知。因此，选择力学性能、光学性能、热弹性效应优良的光弹性材料——石膏，结合红外热成像和光弹性测试实验，来研究加载过程中光弹性材料的红外辐射规律。

（2）加载过程中岩石力学相似材料及流体红外辐射的定量关系研究。经典变形力学认为，当连续、均匀、各向同性的物体承受外力作用时，其效应通过体内的材料传递，就引起了内力。结果使物体任一截面上一侧的材料都对另一侧材料施加一个作用力。在内力的作用下，材料发生了一定的变形，包括伸长、缩短、横向变形和转动等。在物质守恒定律包括质量守恒和能量守恒的前提下，每个构成物体的分子或原子也会受到一个作用力，它们之间的距离发生变化，按照固体物理[129,130]的理论，分子的相互作用势能和振动速度甚至电子运动能量也发生变化，分子的总能量发生了变化，当总能量的变化超过引发分子能级跃迁所需要的能量时，会引发偶极矩和振动能的变化，就产生了不同波段的红外光。显然，这些红外辐射是物体在受力过程中的载荷所引起的。

红外辐射温度场是由于应力变化引起的微观粒子运动状态变化所带来的宏观表现，通过红外辐射温度场和物体宏观的力学描述量，比如应力、应变和位移甚至裂纹等的关系，可以有效地描述物体的变形运动过程。根据各向同性的均质材料弹性变形下的热弹性效应，从理论上讨论等和线及其在分离主应力过程中的原理和方法；引入红外辐射等温层来分析变形过程中的红外辐射，并结合光弹性法来进行应力定量分析；进一步研究岩石力学相似材料及流体在加载过程中红外辐射温度场和应力场之间的定量关系，同时进行数值模拟，与实验结果进行比较。

（3）加载过程中岩石力学相似材料及流体的能量分析。根据热力学第一定律[131,132]，物体的内能增量和整体动能的增加[133]来自外界作用于物体的功和外界输入的热量之和。如果过程是连续的，内能和整体动能的增加率等于外界对物体作用于物体的功率和单位时间内输入的热量之和。如果没有附加的输入热量，那么内能和整体动能的增加率等于外界作用于物体的功率。物体的红外辐射温度场是在加载过程中能量积累引起的辐射量，外力作用下岩石力学相似材料及流体的红外辐射强度变化是由其内能和整体动能的增量所引起的。因此，引进温度变化率来研究在加载过程中能量积累基础上输入功率所引起的能量耗散和红外辐射变化。

1.5　红外热成像技术的研究意义

红外热成像探测不但在军事和空间技术中发挥了重大作用，并且还成功地应用到社会经济发展的各个领域，例如，应用于工业、农业、地理、地质等，尤其在材料无损检测、工程灾害监测等领域得到广泛应用。红外热成像探测是岩石遥感力学这一新学科领域的主要技术手段之一，它在岩体应力状态测量、岩爆预报、地震预报、桥梁坝体及土木工程测量、岩石破裂机理研究等多方面有广泛的应用前景。红外成像不但应用于岩石力学的测量，还可以用于流体以及各种工程构件的应力和应力场分布与变化的测量。通过红外成像和光弹性实验技术的结合，解决岩体或工程材料的应力场分布与变化的定量分析问题，这不仅为遥感岩石力学解决一个重要问题，还可以使红外遥测技术更好地服务于经济建设，提供有利的理论依据和技术保障。在此基础上，本书进一步研究岩石力学相似材料及流体在受力过程中的红外辐射规律及物理机制，结合热弹性理论、热力学等对受力岩石力学相似材料及流体的红外辐射进行定量分析，取得了初步的成果；并将这些规律应用到岩石的破坏过程分析中，把红外辐射温度变化率作为一个因子来分析和研究岩石状态变化，在一定程度上充实了岩石损伤力学的研究方法。

红外遥感岩石力学研究中得到的成果将有望应用于：（1）深化和发展遥感岩石力学的研究，为这一新兴学科的确立和发展奠定更坚实的基础；（2）丰富和发展红外热成像和光弹性测试技术相结合的理论，完成从感性到理性、从定性到定量的过渡，使之系统化、理论化、实用化；（3）本研究的关键成果的获取，将更为实际地应用于岩体应力状态测量、岩爆预报、地震预报、桥梁、坝体及地上和地下工程测量、岩石破裂机理研究等多方面；（4）还可用于除岩石之外的其他材料的应力分析，为工程实际中的设计、施工、监测、决策等提供更为科学的、准确的力学分析信息资料。

2　红外热成像基本理论

2.1　红外辐射的基本特征

2.1.1　电磁波谱

从电磁学理论可知，物质内部带电粒子（如电子）的变速运动都会发射或吸收电磁辐射。电磁辐射在空间传播过程中所携带的能量称为电磁辐射能[134]。

在日常生活中，我们遇到的各种辐射，如 γ 射线、X 射线、紫外线、可见光、红外线、微波、无线电波等都是电磁辐射。由于产生或探测各种辐射的方法不同，因此，历史上它们就得到了上述各种不同的名称，但在本质上它们是相同的，所以统称为电磁辐射。如果把这些辐射按其波长（或者频率）的次序排列成一个连续谱，就称之为电磁波谱，如图 2-1 所示。所有的电磁辐射都具有波动性，因此电磁辐射又称为电磁波。所有电磁波都遵循同样形式的反射、折射、干涉、衍射和偏振定律，且在真空中传播的速度具有同样的数值，即真空中的光速，其值为 $c = (2.99792458 \pm 0.00000012) \times 10^8 \mathrm{m/s}$。

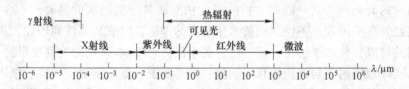

图 2-1　电磁波谱

在真空中，频率为 ν 的电磁波，波长为 λ，真空中的光速为 c，则有

$$\lambda \nu = c \tag{2-1}$$

在介质中，同样频率 ν 的电磁波，波长为 λ'，速度为 c'，则有

$$\lambda' \nu = c' \tag{2-2}$$

由式（2-1）和式（2-2）得到

$$\lambda = \frac{c}{c'} \lambda' = n\lambda' \tag{2-3}$$

式中，$n = c/c'$ 为介质对真空的折射率。式（2-3）表明，同一频率的电磁波，在介质中的波长是真空波长的 $1/n$。

在光谱学中，由于电磁波的频率是很大的数值，不能直接测量，并且测得的频率数值精度通常比测得的波长数值精度低，因此，多用波长来标志紫外线、可见光、红外线。如无特殊说明，后面所引用的波长数值均是指在真空中的数值。

在描述红外辐射时，波长的单位通常用微米（μm）表示，它与纳米（nm）以及埃（Å）的关系为

$$1\mu m = 10^{-3}mm = 10^{-4}cm = 10^{-6}m \tag{2-4}$$

$$1\mu m = 10^3 nm = 10^4 Å \tag{2-5}$$

在光谱学中，电磁波除了用波长 λ 或频率 ν 等参数来表征外，还经常用波数 $\tilde{\nu}$ 来表示。如果电磁辐射在真空中的波长用米（m）表示，则波长值的倒数就是波数值，即

$$\tilde{\nu} = \frac{1}{\lambda} \tag{2-6}$$

在国际单位制中，波数的单位是 m^{-1}。它的意义相当于在真空中 1m 长的路程上包含有多少个波长的数值。利用式（2-1），可得到波数 $\tilde{\nu}$ 和频率 ν 的关系为

$$\tilde{\nu} = \frac{\nu}{c} \tag{2-7}$$

即波数与频率成正比，波数大小同样可反映频率的高低，因此，在光谱学中，有时又把波数 $\tilde{\nu}$ 称为"频率"。应该注意，在使用"频率"一词时，不要将它与真正的频率弄混。

由于电磁辐射具有波粒二象性，因此，电磁辐射除了作为一种电磁波而遵守上述的波动规律以外，它还以光量子的形式存在。在考虑电磁辐射的辐射和吸收问题时，必须把电磁辐射看成分立的微粒集合，这种微粒称为光子。一个光子具有的能量为

$$\varepsilon = h\nu \tag{2-8}$$

式中，$h = (6.626176 \pm 0.000036) \times 10^{-34} J \cdot s$，称为普朗克常数（Planck constant）。

由式（2-1）与式（2-6）得，光子能量与波长和波数的关系为

$$\varepsilon = \frac{hc}{\lambda} = hc\tilde{\nu} \tag{2-9}$$

即光子的能量与波长 λ 成反比，或者说，光子的能量与波数 $\tilde{\nu}$ 成正比。在光谱学中，有时直接用波数 $\tilde{\nu}$ 来表示光子的能量。

光子的能量还常用电子伏特（eV）来表示。一个电子伏特的能量是指在真空中一个自由电子在 1V 电位差的加速下所获得的动能。

电子伏特和焦耳（J）之间的换算关系为

$$1eV = 1.6021892 \times 10^{-19}J \tag{2-10}$$

2.1.2　红外辐射

红外辐射也称红外线，是 1800 年由英国天文学家赫谢尔（Herschel）在研究太阳七色光的热效应时发现的。他用分光棱镜将太阳光分解成从红色到紫色的单色光，依次测量不同颜色光的热效应发现：当水银温度计移到红光边界以外，人眼看不见有任何光线的黑暗区时，温度反而比红光区域高，反复实验证明，在红光外侧，确实存在一种人眼看不见的"热线"，后来称之为"红外线"。

红外线存在于自然界的任何一个角落。事实上，一切温度高于绝对零度的有生命和无生命的物体时时刻刻都在不停地辐射红外线。太阳是红外线的巨大辐射源，整个星空都是红外线源，而地球表面，无论是高山大海，还是森林湖泊，甚至是冰川雪地，也在日夜不断地辐射红外线。特别是活动在地面、水面和空中的军事装置，如坦克、车辆、军舰、飞机等，由于它们有高温部位，往往都是强红外辐射源。在人们的生活环境中，如居住的房间里，到处都有红外线源，如照明灯、火炉，甚至一杯热茶，都在放出大量红外线。更有趣的是，人体自身就是一个红外线源，而且一切飞禽走兽也都是红外线源。总之，红外线充满整个空间。

由图 2-1 可知，红外辐射从可见光的红光边界开始，一直扩展到电子学中的微波区边界。红外辐射的波长范围 $0.75 \sim 1000\mu m$ 是个相当宽的区域。

在电磁波谱中，红外辐射只占有小部分波段。整个电磁波谱包括 20 个数量级的频率范围，可见光谱的波长范围（$0.38 \sim 0.75\mu m$）只跨过一个倍频程，而红外波段（$0.75 \sim 1000\mu m$）却跨过大约 10 个倍频程。因此，红外光谱区比可见光谱区含有更丰富的内容。在军事、空间和大多数工业技术领域中，通常把整个红外辐射光谱区按波长分为四个波段，见表 2-1。

表 2-1　红外辐射光谱区划分

红外光谱波段	波长/μm
近红外	0.75 ~ 3
中红外	3 ~ 6
远红外	6 ~ 15
极远红外	15 ~ 1000

以上的划分方法基本上是考虑了红外辐射在地球大气层中的传输特性而确定的。例如，前三个波段中，每一个波段都至少包含一个大气窗口。所谓大气窗口，是指在这一波段内，大气对红外辐射基本上是透明的，如图 2-2 所示。

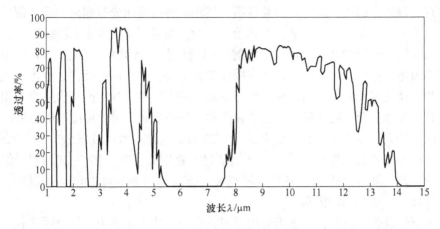

图 2-2 红外大气窗口

2.1.3 红外辐射的基本特点

红外辐射是一种电磁辐射，它既具有与可见光相似的特性，如反射、折射、干涉、衍射和偏振，又具有粒子性，即它可以以光量子的形式被发射和吸收。这已在电子对产生、康普顿散射、光电效应等实验中得到充分证明。此外，红外辐射还有一些与可见光不一样的独有特性[135]：

（1）红外辐射对人的眼睛不敏感，所以必须用对红外辐射敏感的红外探测器才能探测到；

（2）红外辐射的光量子能量比可见光的小，例如 $10\mu m$ 波长的红外光子的能量大约是可见光光子能量的 $1/20$；

（3）红外辐射的热效应比可见光要强得多；

（4）红外辐射更易被物质所吸收，但对子薄雾来说，长波红外辐射更容易通过。

2.2 辐射度学和光度学基础

本节从辐射量的定义和一些基本概念出发，着重讨论了辐射度学中的一些基本规律和辐射量的计算。同时，本节也对光度学中一些重要的光度量的基本概念、定义和单位进行了说明。

辐射度学是一门研究电磁辐射能测量的科学与技术。在图 2-2 所示的整个电磁波谱范围内，辐射度学的基本概念和定律都是适用的，但是对于电磁辐射的不同波段，针对它们的特殊性质，又往往有不同的测量方法和手段。

辐射度学主要建立在几何光学的基础上，基于以下两个假设[136]：第一，辐射按直线传播，因此，辐射的波动性不会使辐射能的空间分布偏离一条几何光线所规定的光路；第二，辐射能是不相干的，所以辐射度学不考虑干涉效应。

与其他物理量的测量相比较，辐射能的测量误差是很大的，能达到1%的误差就认为是很精确的了。这也只能在操作非常小心，所采用的元件、技术、测试标准与上述误差十分匹配的条件下才能达到。一般认为，10%或稍大一点的误差就可满足要求，而达到这种精度也是在采用较好测量技术时才可能有的结果。

误差较大的原因之一在于辐射能是扩散的，这种扩散与位置、方向、波长、时间和偏振态等五个参量有关。此外，辐射与物质的相互作用——吸收和散射、反射和折射也都与上述五个辐射参量有关。仪器参量和环境参量（如温度、温度、磁场等）也会影响测量。

除测量误差大以外，由于历史的原因，在一些技术领域中，如照明工程、大气物理、气象学以及辐射传输等，已经建立了相应的术语体系。辐射度学中的一些术语、符号、定义和单位与此容易混淆，使用时应特别注意。

由于最先感知的是可见光，历史上人们首先对可见光的度量进行了比较充分的研究，引入了一些描述人眼对光敏感程度的物理量，并创建了研究光能测量的科学与技术——光度学。可见光在传输过程中携带的能量称为光能，而研究可见光就必须把相应的辐射度量加上入眼的视觉特性，这样光度学除了包括辐射能这一客观物理量的度量外，还应考虑人眼视觉机理的生理和感觉印象等心理因素，所以光度学的方法是心理物理学方法，而不是纯粹的物理学方法。此时，光度学也不可能单纯地依据质量、长度、时间等类似的物理量来描述，所以，光度学的一些概念只能适用于可见光范围；而辐射量是建立在物理测量基础上的客观物理量，它不受人们主观视觉的限制，因此，辐射度学的一些概念适用于整个电磁波谱范围。

辐射量是纯物理量，而光度量则是通过标准视觉观测者进行测量和计算的。在红外物理和红外技术中，各种辐射量的计算和测量，显然不能用光度量，必须用不受人们主观视觉限制而又建立在物理测量基础上的辐射度量。就名称而言，辐射度量尽量与光度量一致。两者的对应量用相同的符号表示，仅用不同的下标来区分。对于辐射量用下标"e"或不用下标，对于光度量则用下标"v"，例如 X_e 和 X_v。

2.2.1　常用辐射量

辐射度学中所用到的辐射量较多，其符号、名称也不尽统一。现分别说明红外物理和红外技术中常用的辐射量[137~140]。

2.2.1.1　辐射能

所谓辐射能，就是以电磁波的形式发射、传输或接收的能量，用 Q 表示，单

位是 J。辐射场内单位体积中的辐射能称为辐射能密度，用 w 表示，单位是 J/m³，其定义式为

$$w = \frac{\partial Q}{\partial V} \tag{2-11}$$

式中，V 为体积，m³。

因为辐射能还是波长、面积、立体角等许多因素的函数，所以 w 和 Q 的关系用 Q 对 V 的偏微分来定义。同理，后面讨论的其他辐射量也将用偏微分来定义。

2.2.1.2 辐射功率

辐射功率就是发射、传输或接收辐射能的时间速率，用 P 表示，单位是 W，其定义式为

$$P = \frac{\partial Q}{\partial t} \tag{2-12}$$

式中，t 为时间，s。

辐射功率 P 与辐射通量 Φ 混用。辐射在单位时间内通过某一面积的辐射能称为经过该面积的辐射通量，辐射通量也称为辐通量。

2.2.1.3 辐射强度

辐射强度是描述点辐射源特性的辐射量。首先介绍点辐射源（简称点源）和扩展辐射源（简称扩展源或面源）。

顾名思义，所谓点源，就是其物理尺寸可以忽略不计，理想上将其抽象为一个点的辐射源。否则，就是扩展源。真正的点源是不存在的。在实际情况下，能否把辐射源看成是点源，首要问题不是辐射源的真实物理尺寸，而是它相对于观测者（或探测器）所张的立体角度。例如，距地面遥远的一颗星体，它的真实物理尺寸可能很大，但是我们却可以把它看作是点源。同一辐射源，在不同场合，可以是点源，也可以是扩展源。例如，喷气式飞机的尾喷口，在1km 以外处观测，可以作为点源处理，要在3m 处观测，就表现为一个扩展源。一般地讲，如果测量装置没有使用光学系统，只要在比辐射源的最大尺寸大 10 倍的距离处观测，辐射源就可视为一个点源。如果测量装置使用了光学系统，则基本的判断标准是探测器的尺寸和辐射源像的尺寸之间的关系：如果像比探测器小，辐射源可以认为是一个点源；如果像比探测器大，则辐射源可认为是一个扩展源。辐射源在某一方向上的辐射强度是指辐射源在包含该方向的单位立体角内所发出的辐射功率，用 I 表示。

如图 2-3 所示，若一个点源在围绕某指定方向的小立体角元内发射的辐射功率为 ΔP，则 ΔP 与 $\Delta \Omega$ 之比的极限就是辐射源在该方向上的辐射强度 I，即

$$I = \lim_{\Delta\Omega\to 0}\left(\frac{\Delta P}{\Delta\Omega}\right) = \frac{\partial P}{\partial\Omega} \qquad (2\text{-}13)$$

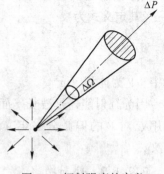

辐射强度是辐射源所发射的辐射功率在空间分布特性的描述。或者说，它是辐射功率在某方向上的角密度的度量。按定义，辐射强度的单位是 W/sr。

根据辐射强度对整个发射立体角 Ω 的积分，就可得出辐射源发射的总辐射功率 P，即

$$P = \int_{\Omega} I \mathrm{d}\Omega \qquad (2\text{-}14)$$

图 2-3　辐射强度的定义

对于各向同性的辐射源，I 为常数，则由式（2-14）得 $P = 4\pi I$。对于辐射功率在空间分布不均匀的辐射源，一般说来，辐射强度 I 与方向有关，因此计算起来比较烦琐。

2.2.1.4　辐射出射度

辐射出射度简称辐出度，是描述扩展源辐射特性的量。辐射源单位表面积向半球空间（2π 立体角）内发射的辐射功率称为辐射出射度，用 M 表示。

如图 2-4 所示，若面积为 A 的扩展源上围绕 x 点的一个小面元 ΔA，向半球空间内发射的辐射功率为 ΔP，则 ΔP 与 ΔA 之比的极限值就是该扩展源在 x 点的辐射出射度，即

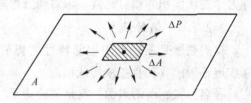

图 2-4　辐射出射度的定义

$$M = \lim_{\Delta A\to 0}\left(\frac{\Delta P}{\Delta A}\right) = \frac{\partial P}{\partial A} \qquad (2\text{-}15)$$

辐射出射度是扩展源所发射的辐射功率在源表面分布特性的描述。或者说，它是辐射功率在某一点附近的面密度的度量。按定义，辐射出射度的单位是 W/m^2。

对于发射不均匀的辐射源表面，表面上各点附近将有不同的辐射出射度。一般地讲，辐射出射度 M 是源表面上位置 x 的函数。辐射出射度 M 对源发射表面积 A 的积分，就是该辐射源发射的总辐射功率，即

$$P = \int_{A} M \mathrm{d}A \qquad (2\text{-}16)$$

如果辐射源表面的辐射出射度 M 为常数，则它所发射的辐射功率为 $P = MA$。

2.2.1.5　辐射亮度

辐射亮度简称辐亮度，是描述扩展源辐射特性的量。由前面定义可知，辐射强度 I 可以描述点源在空间不同方向上的辐射功率分布，面辐射出射度 M 可以描

述扩展源在源表面不同位置上的辐射功率分布。为了描述扩展源所发射的辐射功率在源表面不同位置上沿空间不同方向的分布特性，特别引入辐射亮度的概念。其描述如下：辐射源在某一方向上的辐射亮度是指在该方向上的单位投影面积向单位立体角中发射的辐射功率，用 L 表示。

如图 2-5 所示，若在扩展源表向上某点 x 附近取一小面元 ΔA，该面积向半球空间发射的辐射功率为 ΔP。如果进一步考虑，在与面元 ΔA 的法线夹角为 θ 的方向上取一个小立体角元 $\Delta\Omega$，那么，从面元 ΔA 向立体角元 $\Delta\Omega$ 内发射的辐射通量是二级小量 $\Delta(\Delta P) = \Delta^2 P$。由于从 ΔA 向 θ 方向发射辐射（也就是在 θ 方向观察到来自 ΔA 的辐射），在 θ 方向上看到的面元 ΔA 的有效面积，即投影面

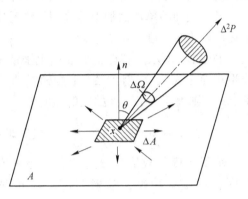

图 2-5　辐射亮度的定义

积是 $\Delta A_\theta = \Delta A\cos\theta$，所以，在 θ 方向的立体角元 $\Delta\Omega$ 内发出的辐射，就等效于从辐射源的投影面积 ΔA_θ 发出的辐射。因此，在 θ 方向观测到的辐射源表面上位置 x 处的辐射亮度，就是 $\Delta^2 P$ 比 ΔA_θ 与 $\Delta\Omega$ 之积的极限值，即

$$L = \lim_{\substack{\Delta A\to 0 \\ \Delta\Omega\to 0}}\left(\frac{\Delta^2 P}{\Delta A_\theta\Delta\Omega}\right) = \frac{\partial^2 P}{\partial A_\theta\partial\Omega} = \frac{\partial^2 P}{\partial A\partial\Omega\cos\theta} \tag{2-17}$$

这个定义表明：辐射亮度是扩展源辐射功率在空间分布特性的描述。辐射亮度的单位是 $W/(m^2\cdot sr)$。

一般来说，辐射亮度的大小应该与源面上的位置 x 及方向有关。

既然辐射亮度 L 和辐射出射度 M 都是表征辐射功率在表面上的分布特性，面 M 是单位面积向半球空间发射的辐射功率，L 是单位表观面积向特定方向上的单位立体角发射的辐射功率，所以我们可以推出两者之间的相互关系。

由式（2-16）可知，源面上的小面元 dA，在 θ 方向上的小立体角元 $d\Omega$ 内发射的辐射功率为 $d^2 P = L\cos\theta d\Omega dA$，所以，$dA$ 向半球空间发射的辐射功率可以通过对立体角积分得到，即

$$dP = \int_{半球空间} d^2 P = \int_{2\pi球面度} L\cos\theta d\Omega dA \tag{2-18}$$

根据 M 的定义由式（2-15）可得到 L 与 M 的关系式为

$$M = \frac{dP}{dA} = \int_{2\pi球面度} L\cos\theta d\Omega \tag{2-19}$$

2.2.1.6　辐射照度

以上讨论的各辐射量都是用来描述辐射源发射特性的量。对一个受照表面接收辐射的分布情况，就不能用上述各辐射量来描述了。为了描述一个物体表面被辐照的程度，在辐射度学中，引入辐射照度的概念。

被照表面的单位面积上接收到的辐射功率称为该被照射处的辐射照度。辐射照度简称为辐照度，用 E 表示。

如图 2-6 所示，若在被照表面上围绕 x 点取小面元 ΔA，投射到 ΔA 上的辐射功率为 ΔP，则表面上 x 点处的辐射照度为

$$E = \lim_{\Delta A \to 0}\left(\frac{\Delta P}{\Delta A}\right) = \frac{\partial P}{\partial A} \qquad (2\text{-}20)$$

辐射照度的数值是投射到表面上每单位面积的辐射功率，辐射照度的单位是 W/m^2。

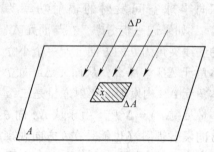

图 2-6　辐射照度的定义

一般来说，辐射照度不仅与 x 点在被照面上的位置有关，而且与辐射源的特性及相对位置有关。

辐射照度和辐射出射度具有同样的单位，它们的定义式相似，但应注意它们的差别。辐射出射度描述辐射源的特性，它包括了辐射源向整个半球空间发射的辐射功率；辐射照度描述被照表面的特性，它可以是由一个或数个辐射源投射的辐射功率，也可以是来自指定方向的一个立体角中投射来的辐射功率。

2.2.2　光谱辐射量与光子辐射量

上节所讨论的六个常用辐射量都只考虑了辐射功率的几何分布特征，如在表面上的面密度和空间的角分布等，并没有明确指出这些辐射功率是在怎样的波长范围内发射的。实际上，任何一个辐射源发出的辐射，或投射到一个表面上的辐射功率，均有一定的波长分布范围（或光谱特性）。因此，已讨论过的基本辐射量均应有相应的光谱辐射量，而且，在红外物理和红外技术中也往往要考虑这些反映光谱特性的光谱辐射量[138]。

2.2.2.1　光谱辐射量

上节所讨论过的六个常用辐射量事实上是默认为包含了波长的全部 $\lambda(0 \sim \infty)$ 的全辐射的辐射量，因此把它们叫做全辐射量。如果我们关心的是在某特定波长 λ 附近的辐射特性，那么，就可以在指定波 λ 处取一个小的波长间隔 $\Delta\lambda$，在此小波长间隔内的辐射量 X（它可以是 Q、P、M、I、L 和 E）的增量 ΔX 与 $\Delta\lambda$ 之比的极限，就定义为相应的光谱辐射量，并记为

$$X_\lambda = \lim_{\Delta\lambda \to 0} \left(\frac{\Delta X}{\Delta\lambda}\right) = \frac{\partial X}{\partial\lambda} \tag{2-21}$$

例如，光谱辐射功率，它表征在指定波长 λ 处单位波长间隔内的辐射功率，其单位是 W/μm。P_λ 通常是 λ 的函数，即

$$P_\lambda = P(\lambda) \tag{2-22}$$

式中，下标 λ 表示对 λ 的偏微分，而括号中的 λ 表示关于 λ 的函数。

从光谱辐射功率的定义式可得，在波长 λ 处的小波长间隔 $\mathrm{d}\lambda$ 内的辐射功率为

$$\mathrm{d}P = P_\lambda \mathrm{d}\lambda \tag{2-23}$$

只要 $\mathrm{d}\lambda$ 足够小，此式中的 $\mathrm{d}P$ 就可以称为波长为 A 的单色辐射功率。将式 (2-23) 从 λ_1 到 λ_2 积分，即可得到在光谱带 $\lambda_1 \sim \lambda_2$ 之间的辐射功率。

$$P_{\Delta\lambda} = \int_{\lambda_1}^{\lambda_2} P_\lambda \mathrm{d}\lambda \tag{2-24}$$

如果 $\lambda_1 = 0$，而 $\lambda_2 = \infty$，就得到全辐射功率，即

$$P_{\Delta\lambda} = \int_0^{\lambda_2} P_\lambda \mathrm{d}\lambda \tag{2-25}$$

上述几个量的物理意义是有区别的。光谱辐射功率 P_λ 是单位波长间隔的辐射功率，它是表征辐射功率随波长分布特性的物理量，并非真正的辐射功率的度量。单色辐射功率 $\mathrm{d}P$ 指在足够小的波长间隔内的辐射功率。光谱带内的辐射功率 $P_{\Delta\lambda}$ 是指在较大的波长间隔内的辐射功率。全辐射功率 P 是指 $0 \sim \infty$ 的全部波长内的辐射功率。$\mathrm{d}P$ 和 $P_{\Delta\lambda}$ 的不同之处在于所占的波长范围不同，而单位都是 W，都是真正辐射功率的度量。与光谱辐射功率的定义相类似，其他光谱辐射量的定义如下：

光谱辐射强度为

$$I_\lambda = \lim_{\Delta\lambda \to 0} \left(\frac{\Delta I}{\Delta\lambda}\right) = \frac{\partial I}{\partial\lambda} \tag{2-26}$$

光谱辐射出射度为

$$M_\lambda = \lim_{\Delta\lambda \to 0} \left(\frac{\Delta M}{\Delta\lambda}\right) = \frac{\partial M}{\partial\lambda} \tag{2-27}$$

光谱辐射亮度为

$$L_\lambda = \lim_{\Delta\lambda \to 0} \left(\frac{\Delta L}{\Delta\lambda}\right) = \frac{\partial L}{\partial\lambda} \tag{2-28}$$

光谱辐射照度为

$$E_\lambda = \lim_{\Delta\lambda \to 0} \left(\frac{\Delta E}{\Delta\lambda}\right) = \frac{\partial E}{\partial\lambda} \tag{2-29}$$

只要以各光谱辐射量取代式 (2-23) 中的 P，就能得到相应的单色辐射量；

利用式（2-24）作类似的代换，就能得到相应的波段辐射量；利用式（2-25）作类似的代换，就能得到相应的全辐射量。

2.2.2.2　光子辐射量

在红外技术常用的探测器中，光子探测器是很重要的一类。这类探测器，对于入射辐射的响应，往往不是考虑入射辐射的功率，而是考虑每秒钟接收到的光子数目。因此，描述这类探测器的性能和与其有关的辐射量时，通常采用每秒接收（或发射、传输）的光子数代替辐射功率来定义各辐射量。这样定义的辐射量叫做光子辐射量。

A　光子数

光子数是指由辐射源发出的光子数量，用 N_p 表示，是无量纲量。我们可以从光谱辐射能 Q_λ 推导出光子数的表达式为

$$\mathrm{d}N_p = \frac{Q_v}{h\nu}\mathrm{d}\nu \tag{2-30}$$

$$N_p = \int \mathrm{d}N_p = \frac{1}{h}\int \frac{Q_v}{\nu}\mathrm{d}\nu \tag{2-31}$$

式中，ν 为频率；h 为普朗克常数。

B　光子通量

光子通量是指在单位时间内发射、传输或接收到的光子数，用 Φ_p 表示，即

$$\Phi_p = \frac{\partial N_p}{\partial t} \tag{2-32}$$

式中，Φ_p 的单位为 1/s。

C　光子辐射强度

光子辐射强度是光源在给定方向上的单位立体角内所发射的光子通量，用 I_p 表示，即

$$I_p = \frac{\partial \Phi_v}{\partial \Omega} \tag{2-33}$$

式中，I_p 的单位为 1/(s·sr)。

D　光子辐射亮度

辐射源在给定方向上的光子辐射亮度是指在该方向上的单位投影面积向单位立体角中发射的光子通量，用 L_p 表示。在辐射源表面或辐射路径的某一点上，离开、到达或通过该点附近面元并在所给定方向上的立体角元传播的光子通量，除以该立体角元和面元在该方向上的投影面积，为光子辐射亮度，即

$$L_p = \frac{\partial^2 \Phi_p}{\partial \Omega \partial A \cos\theta} \tag{2-34}$$

式中，L_p 的单位为 $1/(s \cdot m^2 \cdot sr)$。

E　光子辐射出射度

辐射源单位表面积向半球空间 2π 内发射的光子通量，称为光子辐射出射度，用 M_p 表示，即

$$M_p = \frac{\partial \Phi_p}{\partial A} = \int_{2\pi} L_p \cos\theta \mathrm{d}\Omega \tag{2-35}$$

式中，M_p 的单位为 $1/(s \cdot m^3)$。

F　光子辐射照度

光子辐射照度是指被照表面上某一点附近，单位面积上接收到的光子通量，用 E_p 表示，即

$$E_p = \frac{\partial \Phi_p}{\partial A} \tag{2-36}$$

式中，E_p 的单位为 $1/(s \cdot m^2)$。

G　光子曝光量

光子曝光量是指表面上一点附近单位面积上接收到的光子数，用 H_p 表示，即

$$H_p = \frac{\partial N_p}{\partial A} = \int E_p \mathrm{d}t \tag{2-37}$$

光子曝光率 H_p 还有一个等效的定义，即光子照度与辐射照射的持续时间的乘积。

2.2.3　光度量

光就是能引起人眼光亮感觉的电磁辐射。实际上，人眼对很强的紫外线或红外线也会有反应，但这种反应实质上并不是光亮感觉，而是属于其他物理的或生理的现象。因此，讨论视觉时，光的概念自然就是指可见光。

光线进入眼睛后产生的知觉称为视觉，它包括对视场内物体的明暗、形状、颜色等的知觉。但是，只靠眼睛是不能形成视觉的。物体成像的信息还要经过神经纤维传送到大脑进行"处理"，才能使人眼中产生的原始信息变成一定的生理信号，形成定态的视觉[139]。

光度量是具有"标准人眼"视觉响应特性的人眼对所接收到的辐射量的度量。这样，光度学除了包括辐射能客观物理量的度量外，还应考虑人眼视觉机理的生理和感觉印象等心理因素。评定辐射能对人眼引起视觉刺激值的基础是辐射的光谱光视效能 $K(\lambda)$，即人眼对不同波长光的光能产生光感的效率。有了 $K(\lambda)$ 就可定义光通量等一些光度量了。

2.2.3.1　最大光谱光视效能和光谱光视效率

光视效能 K 定义为光通量 Φ_v 与辐射通量 Φ_e 之比，即

$$K = \frac{\Phi_v}{\Phi_e} \tag{2-38}$$

由于人眼对不同波长的光的响应是不同的，随着光的光谱成分的变化（即波长 λ 不同），K 值也在变化，因此人们又定义了光谱光视效能 $K(\lambda)$，即

$$K(\lambda) = \frac{\Phi_{v\lambda}}{\Phi_{e\lambda}} \tag{2-39}$$

$K(\lambda)$ 值表示在某一波长上每 1W 光功率对目视引起刺激的光通量，它是衡量光源产生视觉效能大小的一个重要指标，量纲是 lm/W（流明/瓦）。由于人眼对不同波长的光敏感程度不同，因此，$K(\lambda)$ 值在整个可见光谱区的每一波长处均不同。

光视效能与光谱光视效能的关系为

$$K = \frac{\int \Phi_{v\lambda} \, d\lambda}{\int \Phi_{e\lambda} \, d\lambda} = \frac{\int K(\lambda) \Phi_{e\lambda} \, d\lambda}{\int \Phi_{e\lambda} \, d\lambda} \tag{2-40}$$

实验表明，光谱光视效能 $K(\lambda)$ 的最大值在波长 $\lambda = 555$nm 处。一些国家的实验室测得平均光谱光视效能的最大值为 $K_m = 683$lm/W。

光视效率 V 定义为光视效能 K 与最大光谱光视效能 K_m 之比，即

$$V = \frac{K}{K_m} \tag{2-41}$$

随着光的光谱成分的变化（即波长 λ 不同），V 值也在变化，因此定义了光谱光视效率（视在函数），即

$$V(\lambda) = \frac{K(\lambda)}{K_m} \tag{2-42}$$

光视效率与光谱光视效率的关系为：

$$V = \int V(\lambda) \, d\lambda = \frac{1}{K_m} \cdot \frac{\int \Phi_{v\lambda} \, d\lambda}{\int \Phi_{e\lambda} \, d\lambda} = \frac{\int V(\lambda) \Phi_{e\lambda} \, d\lambda}{\int \Phi_{e\lambda} \, d\lambda} \tag{2-43}$$

在人眼视网膜上分布的有两种感光细胞——锥体细胞和杆体细胞，数目分别为 7×10^6 个和 1.3×10^8 个左右。一般来说，一个锥体细胞连着一个双极细胞，而几个杆体细胞与同一个双极细胞相连，因此，杆体细胞感光能力比较强，它能够感受到微弱光的刺激，但它并不能分辨颜色。在杆体细胞的末端有起感光作用的化学物质，叫视紫红素。它吸收入射光后改变本身的性质，同时产生视

觉信号。当遇到强光时，视紫红素会褪色而失去作用。当光变弱时（即经过暗适应过程），视紫红素逐渐恢复，对弱光敏感的杆体细胞重新发生作用。视紫红素的恢复需要一定的时间，从亮环境进入暗环境要达到完全适应大约需要30min，但视紫红素不被红光破坏。为了缩短这种恢复需要的时间，进入强光环境时可佩戴一副红色眼镜。锥体细胞在较强光线的作用下反应才灵敏，所以能感受强光刺激，同时它还具有分辨颜色的能力。眼睛对强光和弱光的视觉适应过程是由这两种不同的视细胞来完成的。这两种感光细胞的光谱响应特性是不同的。因此，将亮适应的视觉称为明视觉，将暗适应的视觉称为暗视觉。明视觉一般指人眼已适应在亮度为几个尼特（光亮度单位）以上的环境，这时起作用的是锥体细胞；暗适应一般指眼睛已适应在亮度为百分之几尼特以下的很低的亮度水平，由杆体细胞的作用来完成视觉过程。如果亮度处于明视觉和暗视觉所对应的亮度水平之间，视网膜的锥体细胞和杆体细胞同时起作用，则称为介视觉。通常明视觉和暗视觉的光谱光视效率分别用 $V(\lambda)$ 和 $V'(\lambda)$ 表示，如图 2-7 所示。

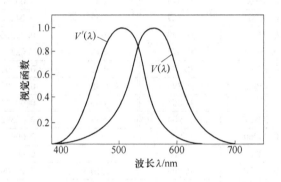

图 2-7　光谱光视效率曲线

不同人的视觉特性是有差别的。1924 年国际照明委员会（CIE）根据几组科学家对 200 多名观察者测定的结果，推荐了一个标准的明视觉函数，从 400～750nm 每隔 10nm 用表格的形式给出，若将其画成曲线，则结果是一条有一中心波长，两边大致对称的光滑的钟形曲线，如图 2-7 所示。这个视觉函数所代表的观察者称为 CIE 标准观察者。表 2-2 所列的是经过内插和外插的、以 5nm 为间隔的标准函数值。在大多数情况下，用这个表列值来进行的各种光度计算，可达到足够高的精度。

图 2-7 和表 2-2 给出了 $V'(\lambda)$ 的函数曲线和数值。这是 1951 年由国际照明委员会公布的暗视觉函数的标准值，并经内插而得到的，峰值波长为 507nm。有了 $V(\lambda)$ 和 $V'(\lambda)$ 便可借助下面关系式，通过光谱辐射量的测定来计算光度量或光

表 2-2　$V(\lambda)$ 及 $V'(\lambda)$ 函数表

波长/nm	$V(\lambda)$	$V'(\lambda)$	波长/nm	$V(\lambda)$	$V'(\lambda)$
380	0.00004	0.00059	585	0.81630	0.0889
385	0.00006	0.00108	590	0.75700	0.0655
390	0.00012	0.00021	595	0.69490	0.0469
395	0.00022	0.00453	600	0.63100	0.033
400	0.00040	0.00929	605	0.56680	0.0231
405	0.00064	0.01852	610	0.50300	0.01593
410	0.00121	0.03484	615	0.44120	0.01088
415	0.00218	0.0604	620	0.38100	0.00737
420	0.00400	0.0966	625	0.32100	0.00497
425	0.00730	0.1436	630	0.26500	0.00335
430	0.01160	0.1998	635	0.21700	0.00224
435	0.01684	0.2625	640	0.17500	0.00150
440	0.02300	0.3281	645	0.13820	0.00101
445	0.02980	0.3931	650	0.10700	0.00068
450	0.03800	0.455	655	0.08160	0.00046
455	0.04800	0.513	660	0.06100	0.00031
460	0.06000	0.567	665	0.04458	0.00021
465	0.07390	0.620	670	0.03200	0.00015
470	0.09098	0.676	675	0.02320	0.00010
475	0.11260	0.734	680	0.01700	0.00007
480	0.13902	0.793	685	0.01192	0.00005
485	0.16930	0.851	690	0.00821	0.00004
490	0.20802	0.904	695	0.00572	0.00003
495	0.25860	0.949	700	0.00410	0.0002
500	0.32300	0.982	705	0.00293	0.00001
505	0.40730	0.998	710	0.00209	0.00001
510	0.50300	0.997	715	000148	0.00001
515	0.60820	0.975	720	0.00105	0.00000
520	0.71000	0.93S	725	0.00074	0.00000
525	0.79320	0.830	730	0.00052	0.0000
530	0.86200	0.811	735	0.00036	
535	0.91185	0.733	740	0.00025	
540	0.95400	0.650	745	0.00017	
545	0.98030	0.564	750	0.00012	
550	0.99495	0.481	755	0.00008	
555	1.00000	0.102	760	0.00006	
560	0.99500	0.3288	765	0.00004	
565	0.97860	0.2693	770	0.00003	
570	0.95200	0.2076	775	0.00002	
575	0.91540	0.1602	780	0.00001	
580	0.87000	0.1212			

谱光度量。这些关系式为

$$X_{v\lambda} = K_m V(\lambda) X_{e\lambda} \qquad (2-44)$$

$$X_v = \int X_{v\lambda} d\lambda = K_m \int V(\lambda) X_{e\lambda} d\lambda \qquad (2-45)$$

式中，X_v 为光度量；$X_{v\lambda}$ 为光谱光度量；$X_{e\lambda}$ 为光谱辐射量。

2.2.3.2　光通量

应当记住，只要用到光通量这个术语，首先它已把看不见的红外线和紫外线排除在外了，而且在数量上，也并不等于看得见的那部分光辐射的功率值。那么，光通量的大小是如何度量的呢？如前所述，它表示"准人眼"来评价的光辐射通量，由式（2-44）可知，光通量表达式，明视觉为

$$\Phi_v = K_m \int_{380mm}^{780mm} V(\lambda) \Phi_{e\lambda} d\lambda \qquad (2-46)$$

暗视觉为

$$\Phi_v' = K_m' \int_{380mm}^{780mm} V'(\lambda) \Phi_{e\lambda}' d\lambda \qquad (2-47)$$

前面已经讲过，在标准明视觉函数 $V(\lambda)$ 的峰值波长 555nm 处的光谱光效能 K_m 值，是一个重要的常数。这个值经过各国的测定和理论计算，于 1977 年由国际计量委员会讨论通过，确定为 683（lm/W），并且指出这个值是 555nm 的单色光的光效率，即每瓦光功率发出 683lm 的可见光。

对于明视觉，由于峰值波长在 555nm 处，因此它自然就是最大光谱光效能值，即 $K_m = 683 lm/W$。但对于暗视觉，$\lambda = 555nm$，所对应的 $V'(555) = 0.402$。根据 1951 年由国际照明委员会公布的暗视觉函数的标准值，暗视觉的峰值波长为 507nm，即 $V'(507) = 1.000$，所以暗视觉的最大光谱光效率为

$$K_m' = 683 \times \frac{1.000}{0.402} = 1699 lm/W \qquad (2-48)$$

以上是从人眼对光辐射是否敏感这个角度来考虑的。反过来，我们也可以把光辐射引起视亮度的能力当作是光辐射的一种属性来考虑，可以用此来描述一个光源发出可见光的效率，简称为发光效率。例如一个 1kW 的电炉，尽管它很热，看起来却只是暗红，在黑暗中起不了多大的作用；而一个 1kW 的电灯泡，点起来就很亮。我们就说，电灯泡的发光效率高于电炉的发光效率，虽然两者所消耗的电功率是一样的。

2.2.3.3　发光强度

点光源在包含给定方向上的单位立体角内所发出的光通量，称为该点光源在该给定方向上的发光强度，用 I_v 表示，即

$$I_v = \frac{\partial \Phi_v}{\partial \Omega} \qquad (2-49)$$

　　发光强度在数值上等于在单位立体角内所发出的光通量。因此，在 MKS 单位制中，它的单位是 lm/sr。但是，在国际单位制（SI）中，发光强度单位是基本单位之一，单位名称为坎德拉，简写成"坎"，是 Candela 的译音，简写成 cd。

2.2.3.4　光出射度

　　光源单位面积向半球空间发出的全部光通量，称为光出射度，用 M_v 表示，即

$$M_v = \frac{\partial \Phi_v}{\partial A} \tag{2-50}$$

式中，M_v 的单位是流明每平方米（lm/m^2）。

2.2.3.5　光亮度

　　光源在给定方向上的光亮度 L_v 是指在该方向上的单位投影面积向单位立体角中所发出的光通量，在与面元 dA 法线成 θ 角的方向上，如果面元 dA 在该方向上的立体角元 $d\Omega$ 内发出的光通量为 $d^2\Omega$，则其光亮度为

$$L_v = \frac{\partial^2 \Phi_v}{\partial \Omega \partial A \cos\theta} \tag{2-51}$$

　　注意到发光强度的定义，光亮度又可表示为

$$L_v = \frac{\partial I_v}{\partial A \cos\theta} \tag{2-52}$$

即在给定方向上的光亮度也就是该方向上单位投影面积上的发光强度，光亮度简称亮度。在国际单位制中，光亮度的单位是坎德拉每平方米（cd/m^2）。

2.2.3.6　光照度

　　被照表面的单位面积上接收到的光通量称为该被照表面的光照度，用 E_v 表示，有

$$E_v = \frac{\partial \Phi_v}{\partial A} \tag{2-53}$$

　　光照度的 SI 单位是勒克斯（lx）。光照度还有以下单位：在 SI 和 MKS 制中是勒克斯（$1lx = 1lm/m^2$），在 MKS 制中是辐透（$1ph = 1lm/cm^2$），在英制中是英尺烛光（$1fc = 1lm/ft^2$）。光照度也简称为照度。

2.2.3.7　发光效率

　　上面已经阐明，一个光源发出的总光通量的大小，代表了这个光源发出可见光能力的大小。由于光源的发光机制不同，或其设计、制造工艺不同，因此尽管它们消耗的功率一样，但发出的光通量却可能相差很远。发光效率定义为每瓦消耗功率所发出的光通量数，用 η_v 表示，有

$$\eta_{\text{v}} = \frac{\Phi_{\text{v}}}{P} \tag{2-54}$$

发光效率的单位是 lm/W。在蜡烛和煤灯等火焰光源的时代，发光效率估计在 0.1~0.3lm/W 之内。爱迪生发明的碳丝电灯泡，把发光效率提高到 2.5lm/W 左右。1906 年开始使用钨作灯丝，发光效率又有一个较大的提高。从第一个实用的气体放电灯于 1932 年问世以来，发光效率又有了很大的发展，如高压汞灯的发光效率从 32lm/W 提高到近 60lm/W，高压钠灯的发光效率从 90lm/W 提高到 120lm/W，低压钠灯的发光效率从 60lm/W 提高到 180lm/W，这在目前来讲，差不多是最高峰了。理论分析表明，接近白光的发光效率的理论极限是 250lm/W，可见发光效率还有很大的发展余地。

2.2.3.8　光量

光量定义为光通量与辐射照射持续时间的乘积，用 Q_{v} 表示。如果光通量在所考虑的照射时间内是恒定的，则有

$$Q_{\text{v}} = \Phi_{\text{v}} t \tag{2-55}$$

光量的单位是 lm·s。

如果光通量在所考虑的照射时间内不是恒定的，则有

$$Q_{\text{v}} = \int \Phi_{\text{v}}(t)\,\mathrm{d}t \tag{2-56}$$

光量的概念与电学中的瓦特秒、千瓦小时等电能单位是相似的。光量 Q_{v} 对于描述发光时间很短的闪光特别有用。例如，照相时使用的闪光灯，在闪光的瞬间，看起来十分亮，也就是说它能在极短的时间里发出很大的光量。一般照相用的闪光灯，发出光的脉冲持续时间为 1ms 左右。当用闪光灯进行拍摄时，照相机的快门一般放在 1/50s，即 20ms 左右，只要闪光是在快门打开的期间内发生的，那么底片上的感光程度主要取决于闪光灯的光量大小。

2.2.4　朗伯余弦定律

与一般激光辐射源的辐射有较强的方向性不同，红外辐射源大都不是定向发射辐射的，而且，它们所发射的辐射通量在空间的角分布并不均匀，往往有很复杂的角分布，这样，辐射量的计算通常就很麻烦了。在生活实践中有这样的现象，即对于一个磨得很光或镀得很好的反射镜，当有一束光入射到它上面时，反射的光线具有很好的方向性，只有恰好逆着反射光线的方向观察时，才会感到十分耀眼，这种反射称为镜面反射。然而，对于一个表面粗糙的反射体（如毛玻璃），其反射的光线没有方向性，在各个方向观察时，感到没有什么差别，这种反射称为漫反射。对于理想的漫反射体，所反射的辐射功率的空间分布可描述[140]为

$$\Delta^2 P = B\cos\theta\Delta A\Delta\Omega \qquad (2\text{-}57)$$

也就是说，理想反射体单位表面积向空间某方向单位立体角反射（发射）的辐射功率和该方向与表面法线夹角的余弦成正比，这个规律就称为朗伯余弦定律。式中，B 是一个与方向无关的常数。凡遵守朗伯余弦定律的辐射表面称为朗伯面，相应的辐射源称为朗伯源或漫辐射源。

虽然朗伯余弦定律是一个理想化的概念，但是实际遇到的许多辐射源，在一定的范围内都十分接近于朗伯余弦定律的辐射规律。大多数绝缘材料表面，在相对于表面法线方向的观察角不超过 60°时，都遵守朗伯余弦定律。导电材料表面虽然有较大的差异，但在工程计算中，在相对于表面法线方向的观察角不超过50°时，也还能运用朗伯余弦定律。

2.2.4.1　朗伯辐射源的辐射亮度

由辐射亮度的定义式（2-17）和朗伯余弦定律的表示式（2-57），可以得出朗伯辐射源辐射亮度的表示式为

$$L = \lim_{\substack{\Delta A \to 0 \\ \Delta\Omega \to 0}} \frac{\Delta^2 P}{\cos\theta\Delta A\Delta\Omega} = B \qquad (2\text{-}58)$$

此式表明：朗伯辐射源的辐射亮度是一个与方向无关的常量。这是因为辐射源的表观面积随表面法线与观测方向夹角的余弦面变化，面朗伯源的辐射功率的角分布又遵守余弦定律，所以观测到辐射功率大的方向，所看到的辐射源的表观面积也大。两者之比即辐射亮度，应与观测方向无关。

2.2.4.2　朗伯辐射源的特征

如图 2-8 所示，设面积 ΔA 很小的朗伯辐射源的辐射亮度为 L，该辐射源向空间某一方向与法线成 θ 角，$\Delta\Omega$ 立体角内辐射的功率为

$$\Delta P = L\Delta A\cos\theta\Delta\Omega \qquad (2\text{-}59)$$

由于该辐射源面积很小，可以看成是小面源，可用辐射强度度量其辐射空间特性。因为该辐射源的辐射亮度在各个方向上相等，则与法线成 θ 角方向上的辐射强度 ΔI_θ 为

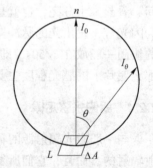

$$I_\theta = \frac{\Delta P}{\Delta\Omega} = L\Delta A\cos\theta = I_0\cos\theta \qquad (2\text{-}60)$$

图 2-8　朗伯辐射源的特征

式中，$I_0 = L\Delta A$ 为其法线方向上的辐射强度。

式（2-59）表明，各个方向上辐射亮度相等的小面源，在某一方向上的辐射强度等于这个面垂直方向上的辐射强度乘以方向角的余弦，也就是朗伯余弦定律的最初形式。式（2-60）可以描绘出小朗伯辐射源的辐射强度分布曲线，它是一个与发射面相切的整圆形。在实际应用中，为了确定一个辐射面或漫反射面接近

理想朗伯面的程度，通常可以测量其辐射强度分布曲线。

2.2.4.3 朗伯辐射源 L 与 M 的关系

L 与 M 关系的普遍表示式由式（2-19）给出。在一般情况下，如果不知道 L 与方向角 θ 的明显函数关系，就无法由 L 计算出 M。但是，对于朗伯辐射源而言，L 与 θ 无关，于是式（2-19）可写为

$$M = L\int_{2\pi球面度}\cos\theta\mathrm{d}\Omega \tag{2-61}$$

因为球坐标的立体角元 $\mathrm{d}\Omega = \sin\theta\mathrm{d}\theta\mathrm{d}\varphi$，所以有

$$M = L\int\cos\theta\mathrm{d}\Omega = L\int_0^{2\pi}\mathrm{d}\varphi\int_0^{\frac{\pi}{2}}\cos\theta\sin\theta\mathrm{d}\theta = \pi I \tag{2-62}$$

利用这个关系，可使辐射量的计算大为简化。

2.2.4.4 朗伯小面源 I、L、M 的相互关系

对于朗伯小面源，由于 L 值为常数，利用式（2-17），有

$$I = L\cos\theta\Delta A \tag{2-63}$$

利用 $M = \pi L$，有如下关系

$$I = L\cos\theta\Delta A = \frac{M}{\pi}\cos\theta\Delta A \tag{2-64}$$

或

$$L = \frac{M}{\pi} = \frac{I}{\Delta A\cos\theta} \tag{2-65}$$

$$M = \pi L = \frac{\pi I}{\Delta A\cos\theta} \tag{2-66}$$

对于朗伯小面源，可利用这些关系式简化运算。

2.2.5 辐射度量中的基本规律

2.2.5.1 距离平方反比定律

距离平方反比定律是描述点源（或小面源）的辐射强度 I 与其所产生的辐射照度 E 之间的关系。如图 2-9 所示，设点源的辐射强度为 I，它与被照面上 x 点处面积元 $\mathrm{d}A$ 的距离为 l，$\mathrm{d}A$ 的法线与 l 的夹角为 θ，则投射到 $\mathrm{d}A$ 上的辐射功率为 $\mathrm{d}P = I\mathrm{d}\Omega = I\mathrm{d}A\cos\theta/l^2$，所以，点源在被照面上 x 点处产生的辐射照度为

$$E = \frac{\mathrm{d}P}{\mathrm{d}A} = \frac{I\cos\theta}{l^2} \tag{2-67}$$

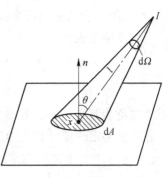

图 2-9 点源产生的辐射照度

式（2-67）表明，一个辐射强度为 I 的点源，在距离它 l 处且与辐射线垂直的平面上产生的辐射照度与这个辐射源的辐射强度成正比，与距离的平方成反比，这个结论称为照度与距离平方反比定律。如果平面与射线不垂直，则必须乘以平面法线与射线之间的夹角的余弦，称之为照度的余弦法则[141~143]。

2.2.5.2　互易定理

如图 2-10 所示，设有两个面积分别为 A_1 和 A_2 的均匀朗伯辐射面，其辐射亮度分别为 L_1 和 L_2。现考察这两个朗伯面之间的辐射能量传递。为此，在 A_1 和 A_2 上分别取面积元 ΔA_1 和 ΔA_2，两者相距为 l，θ_1 和 θ_2 分别为 ΔA_1 和 ΔA_2 的法线与 l 的夹角。ΔA_1 从 ΔA_2 接收到的辐射功率 $\Delta P_{1 \to 2}$ 为

$$\Delta P_{1 \to 2} = \frac{L_1 \cos\theta_1 \cdot \cos\theta_2 \cdot \Delta A_1 \cdot \Delta A_2}{l^2} \tag{2-68}$$

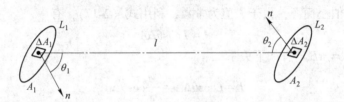

图 2-10　互易定理

而 ΔA_1 从 ΔA_2 次接收到的辐射功率 $\Delta P_{2 \to 1}$ 为

$$\Delta P_{2 \to 1} = \frac{L_2 \cos\theta_1 \cdot \cos\theta_2 \cdot \Delta A_1 \cdot \Delta A_2}{l^2} \tag{2-69}$$

于是，两朗伯面所接收的辐射功率之比为

$$\frac{\Delta P_{1 \to 2}}{\Delta P_{2 \to 1}} = \frac{L_1}{L_2} \tag{2-70}$$

该式表明：两面元所传递的辐射功率之比等于两辐射面的辐射亮度之比。由于 A_1 和 A_2 可以看成是由许多面元组成的，且每一对组合的面元都具有上述性质，因此，对于整个表面有

$$\frac{P_{1 \to 2}}{P_{2 \to 1}} = \frac{\sum \Delta P_{1 \to 2}}{\sum \Delta P_{2 \to 1}} = \frac{L_1}{L_2} \tag{2-71}$$

上式称为互易定理，互易定理在辐射传输计算中有广泛的用途，某些情况下，使用互易定理使计算大为简化。

2.2.5.3　立体角投影定理

如图 2-11 所示，小面源的辐射亮度为 L，小面源和被照面的面积分别为 ΔA_s

和 ΔA，两者相距为 l，θ_s 和 θ 分别为 ΔA_s 和 ΔA 的法线与 l 的夹角。小面源 ΔA_s 在 θ_s 方向的辐射强度为 $I = L\Delta A_s\cos\theta_s$，利用式（2-67），可得 ΔA_s 在 ΔA 上所产生的辐射照度为

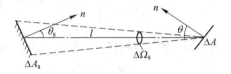

图 2-11 立体角投影定理

$$E = \frac{I\cos\theta}{l^2} = L \cdot \frac{\Delta A_s\cos\theta_s\cos\theta}{l^2} \tag{2-72}$$

因为 ΔA_s 对 ΔA 所张开的立体角 $\Delta\Omega_s = \Delta A_s\cos\theta_s/l^2$，所以有

$$E = L\Delta\Omega_s\cos\theta \tag{2-73}$$

式（2-73）称为立体角投影定理，即 ΔA_s 在 ΔA 上所产生的辐射照度等于 ΔA_s 的辐射亮度与 ΔA_s 对 ΔA 所张的立体角以及被照面 ΔA 的法线和 l 夹角的余弦三者的乘积。

当 $\theta_s = \theta = 0$ 时，即 ΔA_s 与 ΔA 相互平行且垂直于两者的连线时，$E = L\Delta\Omega_s$。若 l 一定，ΔA_s 的周界一定，则 ΔA_s 在 ΔA 上所产生的辐射照度与 ΔA_s 的形状无关，如图 2-12 所示。此定理可使许多具有复杂表面的辐射源所产生的辐射照度的计算变得较为简单。

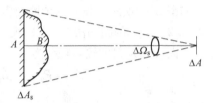

图 2-12 不同形状的辐射源对 ΔA 所产生的辐射照度

2.2.5.4 Sumpner 定理

在球形腔内，腔内壁面积元 $\mathrm{d}A_1$ 从另一面积元 $\mathrm{d}A_2$ 接收的辐射功率与 $\mathrm{d}A_1$ 在球面上的位置无关，即球内壁某一面积元辐射均匀地照射在球形腔内壁，称其为 Sumpner 定理。球形腔体如图 2-13 所示。按辐射亮度的定义，$\mathrm{d}A_1$ 接收 $\mathrm{d}A_2$ 的辐射功率为

$$\mathrm{d}P = L\cos\theta\mathrm{d}A\mathrm{d}\Omega \tag{2-74}$$

式中，L 为腔内壁表面的辐射亮度。若腔内壁表面为理想的朗伯面，则 L 为常数。因为立体角 $\mathrm{d}\Omega = \mathrm{d}A_1\cos\theta/r^2$，所以

$$\mathrm{d}P = L\mathrm{d}A_1\mathrm{d}A_2\frac{\cos^2\theta}{r^2} \tag{2-75}$$

由图 2-13 可知 $\cos\theta = (r/2)/R$，R 为球腔的半径，则

$$\mathrm{d}P = L\mathrm{d}A_1\mathrm{d}A_2\frac{1}{4R} \tag{2-76}$$

因为 L、R 均为常数，所以 $\mathrm{d}A_1$ 接收 $\mathrm{d}A_2$ 的辐射功率 $\mathrm{d}P$ 与 $\mathrm{d}A_1$ 的位置无关。又因为腔内壁表面为朗伯面，有 $M = \pi L$，腔壁面积 $A = 4\pi R^2$，所以式（2-76）可改为

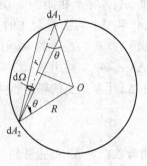

$$dP = \frac{M}{\pi}dA_1dA_2 \frac{1}{4R^2} = \frac{MdA_1dA_2}{A} \qquad (2-77)$$

于是，dA_1 单位面积接收的辐射功率，即辐射照度为

$$\frac{dP}{dA_1} = \frac{MdA_2}{A} = 常数 \qquad (2-78)$$

这就证明了 dA_2 的辐射能量均匀地辐照在球形腔内壁。将 dA_2 推广至部分球面积 ΔA_2，同样有 ΔA_2 在球内壁产生的辐射照度是均匀的。注意，在这个定理的讨论中，没有考虑辐射在球内壁上的多次反射。

图 2-13　Sumpner 定理

2.2.5.5　角系数的基本概念

角系数又称形状因子，在计算规则几何形状表明的辐射能量传递中，利用角系数可使计算非常简便。

如图 2-14 所示，设有两个朗伯微表面元 dA_1 和 dA_2，相距为 l，辐射亮度分别为 L_1 和 L_2，两面的法线与 l 的夹角分别为 θ_1 和 θ_2。根据辐射亮度的定义式，由 dA_1 向 dA_2 发射的辐射功率为

$$dP_{1\to2} = L_1\cos\theta_2 dA_1 d\Omega_{2\to1} \qquad (2-79)$$

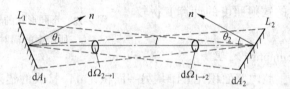

图 2-14　两微表面元之间的辐射变换

因为 dA_1 对 dA_2 所张的立体角元为

$$d\Omega_{2\to1} = \frac{dA_2\cos\theta}{l^2} \qquad (2-80)$$

所以

$$dP_{1\to2} = L_1\cos\theta_1 dA_1 \frac{dA_2\cos\theta}{l^2} = \frac{M_1 dA_1}{\pi} \cdot \frac{\cos\theta_1 dA_2\cos\theta_2}{l^2} \qquad (2-81)$$

式中，M_1 为 dA_1 的辐出度。同理，由 dA_2 向 dA_1 发射的辐射功率为

$$dP_{2\to1} = L_2\cos\theta_2 dA_2 \frac{dA_1\cos\theta}{l^2} = \frac{M_2 dA_2}{\pi} \cdot \frac{\cos\theta_2 dA_1\cos\theta_1}{l^2} \qquad (2-82)$$

式中，M_2 为 dA_2 的辐出度。于是，两微面元相互传递的净辐射功率为

$$\Delta dP_{1\to2} = \left(\frac{M_1 - M_2}{\pi}\right)\frac{\cos\theta_1\cos\theta_2}{l^2} \cdot dA_1 \cdot dA_2 \tag{2-83}$$

利用上式可以计算两个微面元间辐射能量的传递。为了简化计算，引入角系数的概念。根据式（2-81）和式（2-82），令

$$dF_{1\to2} = \frac{dP_{1\to2}}{M_1 dA_1} = \frac{\cos\theta_1\cos\theta_2}{\pi l^2} \cdot dA_2 \tag{2-84}$$

$$dF_{2\to1} = \frac{dP_{2\to1}}{M_2 dA_2} = \frac{\cos\theta_2\cos\theta_1}{\pi l^2} \cdot dA_1 \tag{2-85}$$

$dF_{1\to2}$ 和 $dF_{2\to1}$ 分别称为微面元 dA_1 对 dA_2 和 dA_2 对 dA_1 的角系数。其物理意义为从一微面元发出，被另一微面元接收的辐射功率与微面元发射的总辐射功率的比值。根据微面元角系数的表示式（2-84）和式（2-85），可以得到

$$dF_{1\to2} \cdot dA_1 = dF_{2\to1} \cdot dA_2 \tag{2-86}$$

这就是微面元对微面元角系数的互换性关系式。

对于有限的朗伯辐射表面 A_1 和 A_2，可以写出 A_1 向 A_2 发射的辐射功率为

$$P_{1\to2} = M_1\int_{A_1}\int_{A_2}\frac{\cos\theta_1\cos\theta_2}{\pi l^2}dA_1 dA_2 \tag{2-87}$$

A_2 向 A_1 发射的辐射功率为

$$P_{2\to1} = M_2\int_{A_1}\int_{A_2}\frac{\cos\theta_2\cos\theta_1}{\pi l^2}dA_2 dA_1 \tag{2-88}$$

根据微面元角系数的定义，同样有两个有限表明的角系数为

$$F_{1\to2} = \frac{P_{1\to2}}{M_1 A_1} = \frac{1}{A_1}\int_{A_1}\int_{A_2}\frac{\cos\theta_1\cos\theta_2}{\pi l^2}dA_1 dA_2 \tag{2-89}$$

$$F_{2\to1} = \frac{P_{2\to1}}{M_2 A_2} = \frac{1}{A_2}\int_{A_1}\int_{A_2}\frac{\cos\theta_2\cos\theta_1}{\pi l^2}dA_2 dA_1 \tag{2-90}$$

而有限面源间的角系数互换关系式为

$$F_{1\to2} \cdot A_1 = F_{2\to1} \cdot A_2 \tag{2-91}$$

由上面角系数的表示式可以看到，只要知道发射表面所发射的辐射总功率以及发射和接收面间的角系数，就可以计算出发射面向接收面发射的辐射功率。另外，不论 A_2 距 A_1 远或近，或是形状、方向异同，只要 A_1 对 A_2 具有相同的立体角，A_1 对 A_2 的角系数就是相同的。如图 2-15 所示，A_1 对曲面 A_2' 和平面 A_2'' 的角系数相等。

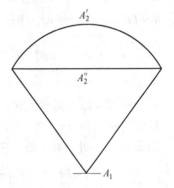

图 2-15　A_1 对曲面和平面的角系数相等

2.2.6　辐射量计算

在本节的讨论中，若无特殊说明，所涉及的辐射源均为朗伯体。

2.2.6.1　圆盘的辐射强度和辐射功率

设圆盘的辐射亮度为 L，面积为 A，如图 2-16 所示。圆盘在与其法线成 θ 角的方向上的辐射强度为[144]

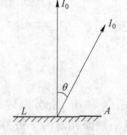

$$I_\theta = LA\cos\theta = I_0\cos\theta \tag{2-92}$$

式中，$I_0 = LA$ 为圆盘在其法线方向上的辐射强度。

圆盘向半球空间发射的辐射功率为 P，按辐射亮度的定义有

$$\mathrm{d}P = LA\cos\theta\mathrm{d}\theta\mathrm{d}\varphi \tag{2-93}$$

图 2-16　圆盘辐射强度

因为球坐标的 $\mathrm{d}\Omega = \sin\theta\mathrm{d}\theta\mathrm{d}\varphi$，则

$$P = LA\int_0^{2\pi}\mathrm{d}\varphi\int_0^{\frac{\pi}{2}}\cos\theta\sin\theta = \pi LA = \pi I_0 \tag{2-94}$$

也可按辐射强度的定义，求得

$$P = \int_0 I\mathrm{d}\Omega = \int_{2\pi} I_0\cos\theta\mathrm{d}\Omega = LA\int_0^{2\pi}\mathrm{d}\varphi\int_0^{\frac{\pi}{2}}\cos\theta\sin\theta\mathrm{d}\theta = \pi LA = \pi I_0 \tag{2-95}$$

或按朗伯源的辐射规律 $M = \pi L$，同样可得

$$P = MA = \pi LA = \pi I_0 \tag{2-96}$$

可见，对于朗伯面，利用辐射出射度计算辐射功率最简单。

2.2.6.2　球面的辐射强度和辐射功率

设球面的辐射亮度为 L，球半径为 R，球面积为 A，如图 2-17 所示，若球面在 $\theta = 0$ 方向上的辐射强度为 I_0，则在球面上所取得的小面源 $\mathrm{d}A = R^2\sin\theta\mathrm{d}\theta\mathrm{d}\varphi$，在 $\theta = 0$ 方向上的辐射强度为 $\mathrm{d}I_0 = L\mathrm{d}A\cos\theta = LR^2\sin\theta\cos\theta\mathrm{d}\theta\mathrm{d}\varphi$，则[145]

$$I_0 = \int_{2\pi}\mathrm{d}I_0 = LR^2\int_0^{2\pi}\mathrm{d}\varphi\int_0^{\frac{\pi}{2}}\cos\theta\sin\theta\mathrm{d}\theta = \pi LR^2$$

$$\tag{2-97}$$

图 2-17　球面辐射强度

同样的计算可以求得球面在 θ 方向的辐射强度 $I_\theta = I_0 = \pi LR^2$。可见球面在各方向上的辐射强度相等。

球面向整个空间发射的辐射功率为

$$P = \int_{4\pi} I_\theta\mathrm{d}\Omega = \pi LR^2\int_{4\pi}\mathrm{d}\Omega = 4\pi^2 LR^2 = 4\pi I_0 \tag{2-98}$$

式中，$I_0 = \pi LR^2$ 为球面的辐射强度。

2.2.6.3 半球面的辐射强度和辐射功率

设半球球面的辐射亮度为 L，球半径为 R，如图 2-18 所示，若球面在 $\theta = 0$ 方向上的辐射强度为 I_0，则有

$$I_0 = \pi L R^2 \qquad (2\text{-}99)$$

半球球面在 θ 方向的辐射强度为

$$I_\theta = \frac{1}{2}\pi L R^2(1 + \cos\theta) \qquad (2\text{-}100)$$

可见半球球面在各方向上的辐射强度是不相等的。半球球面向整个空间发射的辐射功率为

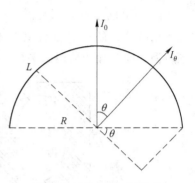

图 2-18 半球面辐射强度

$$P = \int_{4\pi} I_\theta \mathrm{d}\Omega = \frac{1}{2}\pi L R^2 \int_0^{2\pi}\mathrm{d}\varphi\int_0^{\pi}(1 + \cos\theta)\sin\theta\mathrm{d}\theta = 2\pi I_0 \qquad (2\text{-}101)$$

以上的计算都是辐射亮度为常数的朗伯源的情况。对于非朗伯源，辐射亮度不为常数，而与方向有关。若给出辐射源的辐射亮度与方向的关系，则可利用式 (2-13) 求得辐射强度。

2.2.6.4 小面源的辐射照度

如图 2-19 所示，设小面源的面积为 ΔA，辐射亮度为 L，被照面面积为 ΔA，ΔA_s 与 ΔA 相距为 l，ΔA_s 和 ΔA 的法线与 l 的夹角分别为 θ_s 和 θ_0，小面源 ΔA_s 的辐射强度为

$$I = L\cos\theta_s\Delta A_s \qquad (2\text{-}102)$$

小面源产生的辐射照度为

$$E = \frac{I\cos\theta}{l^2} = L\Delta A_s\frac{\cos\theta_s\cos\theta}{l^2}$$
$$(2\text{-}103)$$

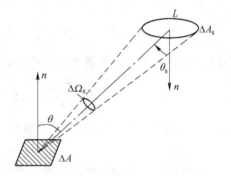

图 2-19 小面源产生的辐射强度

式 (2-103) 也可以直接利用立体角投影定理计算小面源 ΔA_s 对被照点所张的立体角为 $\Delta\Omega_s = \Delta A_s\cos\theta_s/l^2$，由立体角投影定理有

$$E = L\Delta\Omega_s\cos\theta = L\Delta A_s\frac{\cos\theta_s\cos\theta}{l^2} \qquad (2\text{-}104)$$

应用以上式子时，要求小面源的线度比距离 l 要小得多。

2.2.6.5 扩展源的辐射照度

设有个朗伯大面积扩展源（如在室外工作的红外装置面对的天空背景），其

各处的辐射亮度均相同。我们来讨论在面积为 A_d 的探测器表面上的辐射照度。

如图 2-20 所示，设探测器半视角为 θ_0，在探测器视场范围内（即扩展源被看到的那部分）的辐射源面积为 $A_s = \pi R^2$。该辐射源与探测器之间的距离为 l，且辐射源表面与探测器表面平行，所以 $\theta_s = \theta_0$。

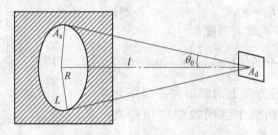

图 2-20　大面积扩展源产生的辐射照度

利用角系数的概念，辐射源盘对探测器的角系数为

$$F_{s \to d} = \frac{A_d}{A_s} \frac{R^2}{l^2 + R^2} \tag{2-105}$$

于是，从辐射源 A_s 发出被 A_s 接收的辐射功率为

$$P_{s \to d} = F_{s \to d} A_s \pi L = \frac{A_d}{A_s} \cdot A_s \pi L \cdot \frac{R^2}{l^2 + R^2} = A_d \pi L \cdot \frac{R^2}{l^2 + R^2} \tag{2-106}$$

则大面积扩展源在探测器表面上产生的辐射照度为

$$E = \frac{P_{s \to d}}{A_d} = \pi L \cdot \frac{R^2}{l^2 + R^2} = \pi L \sin^2 \theta_0 \tag{2-107}$$

对朗伯辐射源，式（2-107）也可写为

$$E = M \sin^2 \theta_0 \tag{2-108}$$

由此可见，大面积扩展源在探测器上产生的辐射照度，与辐射源的辐射出射度或辐射亮度成正比，与探测器的半视场角 θ_0 的正弦平方成正比。如果探测器视场角达到 π，辐射源面积又充满整个视场（如在室外工作的红外装置面对的天空背景），则在探测器表面上产生的辐射照度等于辐射源的辐出度，即当 $2\theta_0 = \pi$ 时，

$$E = M \tag{2-109}$$

这是一个很重要的结论。互易定理求解，也可获得同样的结论：假设 A_d 的辐射亮度也为 L，则按互易定理有

$$P_{s \to d} = P_{d \to s} \tag{2-110}$$

即朗伯圆盘与接收面 A_d 之间相互传递的辐射功率相等。而 A_d 向朗伯圆盘发射的辐射功功率为

$$P_{d \to s} = \int_\Omega LA_d \cos\theta d\Omega = \int_0^{2\pi} d\varphi \int_0^{\theta_0} LA_d \sin\theta\cos\theta d\theta = \pi LA_d \sin^2\theta_0 \tag{2-111}$$

所以圆盘在 A_d 上产生的辐射照度为

$$E = \frac{P_{s \to d}}{A_d} = \frac{P_{d \to s}}{A_d} = \pi L \sin^2\theta_0 \tag{2-112}$$

此结果与扩展源产生的辐照公式（2-107）相同。在某些情况下，使用互易定理可使计算大为简化。

2.2.6.6　线状辐射源的辐射照度

如果一个辐射亮度均匀、各方向相同的圆筒形辐射源的直径与其长度之比相对很小，可把它看成一条细线辐射源，称为线辐射源。例如，日光灯、管状碘钨灯、能斯脱灯、硅碳棒和陶瓷远红外加热管等均属于此类辐射源。线辐射源的辐射强度分布曲线如图 2-21 所示，是以其本身为对称轴并相切于 O 点的圆环。

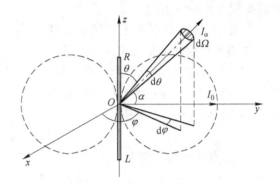

图 2-21　线辐射源产生的辐射强度

设线辐射源的长度为 l、半径为 R、辐射亮度为 L，如图 2-21 所示。则与线辐射源垂直方向上的辐射强度为 $I_0 = 2LRl$，与其法线成 α 角的方向上的辐射强度为 I_α，有

$$I_\alpha = I_0 \cos\alpha \tag{2-113}$$

因为 θ 角与 α 角互为余角，所以有

$$I_\alpha = I_0 \sin\alpha \tag{2-114}$$

为计算线辐射源发出的总功率，采用球坐标系，如图 2-21 所示。显然，由于辐射强度的对称性，I_α 仅与 θ 角（或 α 角）有关，而与 φ 角无关。首先，在 θ 角方向上取一微小立体角 $d\varphi$，在该立体角中，线辐射源辐射的功率为

$$dP = I_\theta d\Omega = I_\theta \sin\theta d\theta d\varphi \tag{2-115}$$

又因为 $I_\theta = I_0 \sin\theta$，所以

$$dP = I_\theta \sin^2\theta d\theta d\varphi \tag{2-116}$$

线辐射源发出的总辐射功率为

$$P = I_0 \int_0^{2\pi} d\varphi \int_0^\pi \sin^2\theta d\theta = \pi^2 I_0 \tag{2-117}$$

直接利用辐射出射度计算得

$$P = 2\pi RlM = 2\pi^2 LRl = \pi^2 I_0 \tag{2-118}$$

下面讨论有限线状辐射源产生的辐射照度。如图 2-22 所示，AB 代表一个线辐射源，其辐射亮度为 L，长为 l，半径为 R，求在 X 点的辐射照度。

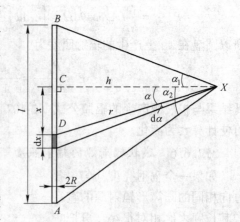

图 2-22　线源在平行平面上 X 点处的辐射照度

设单位长度上的最大辐射强度以 $I_l = I_0/l = 2lR$ 表示，X 点到线辐射源的垂直距离用 h 表示，XB、XA 与 XC 的夹角分别用 α_1 和 α_2 表示，借助这些量，可以得到 X 点的辐射照度公式。

首先，计算线辐射源上一微小长度 dx 对 X 点所产生的辐射照度。设所考虑的 dx 位于图中距 C 点距离为 x 的 D 处，距离 DX 用 r 表示，dx 对 X 点的张角为 $d\alpha$。dx 在 DX 方向上的辐射强度为

$$dI_\alpha = I_l dx \cos\alpha \tag{2-119}$$

而 dx 在 X 点的辐射照度为

$$dE_\alpha = \frac{I_\alpha}{r^2}\cos\alpha \tag{2-120}$$

式中的 r 和 dx 可以借助于 h、α 来表示，即

$$r = \frac{a}{\cos a} \tag{2-121}$$

$$x = h\tan\alpha \tag{2-122}$$

$$dx = \frac{h d\alpha}{\cos^2\alpha} \tag{2-123}$$

将上述各量代入式（2-120），则有

$$dE_\alpha = I_l \frac{1}{h} \cos^2\alpha d\alpha \tag{2-124}$$

在 α_1 和 α_2 之间积分，可得线辐射源 AB 在 X 点的辐射照度为

$$E_\alpha = \int dE_\alpha = I_l \frac{1}{h}\int_{\alpha_2}^{\alpha_1}\cos^2\alpha d\alpha = I_l \frac{1}{h}\frac{1}{4}\big[\,2\,|\,\alpha_2 - \alpha_1\,| + |\,\sin2\alpha_1 - \sin2\alpha_2\,|\,\big] \tag{2-125}$$

如果 X 点位于该线辐射源中心垂直向外的地方，此时 AB 对 X 点的张角为 2α，在这种情况下，式（2-125）中的 α_1 和 α_2 有相等的数值，但符号相反，所以有

$$E = \frac{I_l}{h}\frac{1}{2}(2\alpha + \sin2\alpha) \tag{2-126}$$

因为 $\tan 2\alpha = l/2h$，所以因子 $(2\alpha + \sin 2\alpha)$ 可由 l 与 h 之比求得。

对式（2-126）的两种极端情况进行讨论：

（1）第一种是 $h \gg l$ 的情况。在这种情况下，可以把线辐射源 AB 看作是在 C 点的点源，其辐射强度为

$$I_0 = I_l l \tag{2-127}$$

所以，X 点的辐射照度为

$$E = \frac{I_0}{h^2} = \frac{I_l l}{h^2} \tag{2-128}$$

计算结果表明，当 $h/l = 2$ 时，用式（2-128）代替式（2-126），所带来的相对误差为 4%。如果 $h/l \gg 2$，那么误差会更小。

（2）第二种情况是 $h \ll l$。在这种情况下，$\alpha = \pi/2$，所以，式（2-126）简化为

$$E = \frac{1}{2}\frac{I_l}{h} \tag{2-129}$$

计算结果表明，当 $h < l/4$ 时，用式（2-129）代替式（2-126）可以得出足够精确的结果。

2.2.6.7 简单几何形状辐射源的辐射特性

任何一个辐射源的辐射，都可以用如下三个基本参数来描述：辐射源的总功率、辐射的空间分布和辐射的光谱分布。

总辐射功率 P 就是目标在各个方向上所发射的辐射功率的总和，也就是目标的辐射强度 I 对整个发射立体角的积分，即 $P = \int_{\text{发射立体角}} I\mathrm{d}\Omega$。辐射的空间分布表示辐射强度在空间的分布情况。辐射的光谱分布表征物体发射的辐射能量在不同波段（或各光谱区域）中的数值。

一般情况下，任何目标的辐射都是由辐射源的固有辐射和它的反射辐射组成的。目标的固有辐射取决于它的表面温度、形状、尺寸和辐射表面的性能等。由前面的讨论，可列出几种简单形状的均匀辐射源的辐射特性，如表 2-3 所示。根据这个表，并通过综合方法，往往可以简化较复杂形状辐射源的计算。

表 2-3 简单形状辐射源的辐射特征

辐射体类型	辐射强度	辐射指向	辐射通量
圆盘	$I_\theta = I_0\cos\theta$ 式中，$I_0 = LA$		$\Phi = \pi I_0$

辐射体类型		辐射强度	辐射指向	辐射通量
球		$I_\theta = I_0 = L\dfrac{\pi D^2}{4}$		$\Phi = 4\pi I_0$
半球		$I_\theta = \dfrac{I_0}{2}(1+\cos\theta)$ 式中，$I_0 = L\dfrac{\pi D^2}{4}$		$\Phi = 2\pi I_0$
圆柱		$I_\theta = I_\perp \sin\theta$ 式中，$I_\perp = LHD$		$\Phi = \pi^2 I$
有球面底的圆柱		$I_\theta = \dfrac{I_0}{2}(1+\cos\theta) \mid I_\perp \sin\theta$ 式中，$I_0 = L\dfrac{\pi D^2}{4}$，$I_\perp = LHD$		$\Phi = 2\pi I_0$ $\quad + \pi^2 I_\perp$

2.2.7　辐射传输中的相关定律

为了突出辐射量的基本概念和计算方法，前面的讨论都没有考虑辐射在传输介质中的衰减。事实上，在距辐射源一定距离上，来自辐射源的辐射都要受到所在介质、光学元件等的表面反射、内部吸收、散射等过程的衰减，只有一部分辐射功率通过介质。为了描述辐射在介质中的衰减，本节将讨论一些相关的定律[142~146]。

2.2.7.1　总功率定律

如图 2-23 所示，如投射到某介质表面上的辐射功率为 P_i，其中一部分 P_ρ 被表面反射，一部分 P_α 被介质吸收，如果介质是部分透明的，就会有一部分辐射功率 P_τ

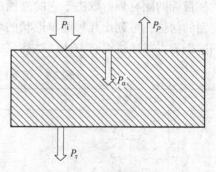

图 2-23　入射辐射在介质上的
反射、吸收和透射

从介质中透射过去。由能量守恒定律有

$$P_i = P_\rho + P_\alpha + P_\tau \tag{2-130}$$

或写为

$$1 = \frac{P_\rho}{P_i} + \frac{P_\alpha}{P_i} + \frac{P_\tau}{P_i} \tag{2-131}$$

即

$$1 = \rho + \alpha + \tau \tag{2-132}$$

其中，反射率、吸收率和透射率的定义如下：

反射率为

$$\rho = \frac{P_\rho}{P_i} \tag{2-133}$$

吸收率为

$$\alpha = \frac{P_\alpha}{P_i} \tag{2-134}$$

透射率为

$$\tau = \frac{P_\tau}{P_i} \tag{2-135}$$

反射率、吸收率和透射率与介质的性质（如材料的种类、表面状态和均匀性等）和温度有关。如果投射到介质上的辐射是波长为 λ 的单色辐射，即 $P_i = P_{i\lambda} d\lambda$，则反射、吸收和透射的辐射功率也是单色的，可分别表示为 $P_\rho = P_{\rho\lambda} d\lambda$，$P_\alpha = P_{\alpha\lambda} d\lambda$，$P_\tau = P_{\tau\lambda} d\lambda$，由此可得：

光谱发射率为

$$\rho(\lambda) = \frac{P_{\rho\lambda}}{P_{i\lambda}} \tag{2-136}$$

光谱吸收率为

$$\alpha(\lambda) = \frac{P_{\alpha\lambda}}{P_{i\lambda}} \tag{2-137}$$

光谱透射率为

$$\tau(\lambda) = \frac{P_{\tau\lambda}}{P_{i\lambda}} \tag{2-138}$$

$\rho(\lambda)$、$\alpha(\lambda)$ 和 $\tau(\lambda)$ 都是波长的函数，它们也满足式（2-132）。

若入射的辐射功率是全辐射功率，即 $P_i = \int_0^\infty P_{i\lambda} d\lambda$，则反射、吸收和透射的全辐射功率可以从式（2-133）、式（2-134）和式（2-135）得到。于是，我们就可以得到全反射率与光谱反射率、全吸收率与光谱吸收率以及全透射率与光谱透射率之间的关系为

$$\rho = \frac{P_\rho}{P_i} = \frac{\int_0^\infty \rho(\lambda) P_{i\lambda}\, d\lambda}{\int_0^\infty P_{i\lambda}\, d\lambda} \tag{2-139}$$

$$\alpha = \frac{P_\alpha}{P_i} = \frac{\int_0^\infty \alpha(\lambda) P_{i\lambda}\, d\lambda}{\int_0^\infty P_{i\lambda}\, d\lambda} \tag{2-140}$$

$$\tau = \frac{P_\tau}{P_i} = \frac{\int_0^\infty \tau(\lambda) P_{i\lambda}\, d\lambda}{\int_0^\infty P_{i\lambda}\, d\lambda} \tag{2-141}$$

对于在光谱带 $\lambda_1 \sim \lambda_2$ 之内的情况，我们也可以定义相应的各量。只要将式（2-139）、式（2-140）和式（2-141）中的积分限换成 $\lambda_1 \sim \lambda_2$ 即可。

2.2.7.2　朗伯定律和朗伯-比耳定律

A　朗伯定律

辐射在介质内传播时产生衰减的主要原因为介质对辐射的吸收和散射。首先，假设介质对辐射只有吸收作用，讨论辐射的传播规律。如图 2-24 所示，设有一平行辐射束在均匀（即不考虑散射）的吸收介质内传播距离为 dx 路程之后，其辐射功率减少 dP。实验证明，被介质吸收掉的辐射功率的相对值 dP/P 与通过的路程 dx 成正比，即

$$-\frac{dP}{P} = a\, dx \tag{2-142}$$

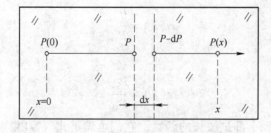

图 2-24　在吸收介质内辐射的传播

式中，a 为介质的吸收系数；负号表示 $\mathrm{d}P$ 是从 P 中减少的数量。

将上式从 0 到 x 积分，得到在 x 点处的辐射功率为

$$P(x) = P(0)\mathrm{e}^{-ax} \tag{2-143}$$

式中，$P(0)$ 是在 $x=0$ 处的辐射功率。上式就是吸收定律，它表明，辐射功率在传播过程中，由于介质的吸收，数值随传播距离的增加呈指数衰减。

吸收率和吸收系数是两个不同意义的概念。按式（2-134），吸收率是被介质吸收的辐射功率与入射辐射功率的比值。它是一个无量纲的纯数，其值在 0 与 1 之间。由式（2-142）可以看出，吸收系数 $a = -(\mathrm{d}P/P)/\mathrm{d}x$，表示在通过介质单位距离时辐射功率衰减的百分比。因此，吸收系数 a 是个有量纲的量，当 x 的单位取 m 时，a 的单位是 $1/m$，且 a 的值可等于 1 或大于 1。很显然，a 值越大，吸收就越严重。从式（2-143）可以看出，当辐射在介质中传播 $1/a$ 距离时，辐射功率就衰减为原来值的 $1/e$。所以在 a 值很大的介质中，辐射传播不了多远就被吸收掉了。

介质的吸收系数一般与辐射的波长有关。对于光谱辐射功率，可以把吸收定律表示为

$$P_\lambda(x) = P_\lambda(0)\mathrm{e}^{-a(\lambda)x} \tag{2-144}$$

式中，$a(\lambda)$ 为光谱吸收系数。

通常，将比值 $P_\lambda(x)/P_\lambda(0)$ 称为介质的内透射率。由式（2-144）不难得到内透射率为

$$\tau_\mathrm{i}(\lambda) = \frac{P_\lambda(x)}{P_\lambda(0)} = \mathrm{e}^{-a(\lambda)x} \tag{2-145}$$

内透射率表征在介质内传播一段距离以后，透射过去的辐射功率所占原辐射功率的百分数。

图 2-25 所示的是具有两个表面的介质的投射情形。设介质表面（1）的透射率为 $\tau_1(\lambda)$，表面（2）的透射率为 $\tau_2(\lambda)$。对表面（1）有 $P_\lambda(0) = \tau_1(\lambda)P_{\mathrm{i}\lambda}$。若表面（1）和（2）的反射率比较小，且只考虑在表面（2）上的第一次透射（即不考虑在表面（2）与表面（1）之间来回反射所产生的各项透射），则有 $P_{\tau\lambda} = \tau_2(\lambda)P_\lambda(x)$。于是，利用以上两式，得到介质的透射率为

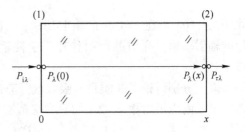

图 2-25 辐射在两个表面的介质中传播

$$\tau(\lambda) = \frac{P_{\tau\lambda}}{P_{i\lambda}} = \frac{\tau_2(\lambda)P(x)}{P_\lambda(0)/\tau_1(\lambda)} = \tau_1(\lambda) \cdot \tau_2(\lambda)\frac{P_\lambda(x)}{P_\lambda(0)} = \tau_1(\lambda) \cdot \tau_2(\lambda) \cdot \tau_i(\lambda)$$

$$(2\text{-}146)$$

由式（2-146）可以看出，介质的透射率 $\tau(\lambda)$ 等于两个表面的透射率 $\tau_1(\lambda)$、$\tau_2(\lambda)$ 和内透射率 $\tau_i(\lambda)$ 的乘积。

以上讨论了辐射在介质内传播时产生衰减的主要原因之一，即吸收问题。导致衰减的另一个主要原因是散射。假设介质中只有散射作用，讨论辐射在介质中的传输规律。

设有一功率为 P_λ 的平行单色辐射束，入射到包含许多微粒的非均匀介质上，如图 2-26 所示。由于介质中微粒的散射作用，使一部分辐射偏离原来的传播方向，因此，在介质内传播距离 dx 路程后，继续在原来方向上传播的辐射功率（即透过 dx 之后透射的辐射功率）$P_{\tau\lambda}$，比原来入射功率 P_λ 衰减少 dP_λ。实验证明，辐射衰减的相对值 dP_λ/P_λ 与在介质中通过的距离 dx 成正比，即

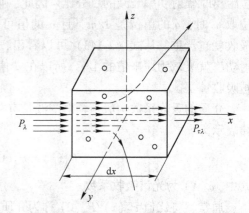

图 2-26 辐射在介质内的散射

$$-\frac{dP_\lambda}{P_\lambda} = \gamma(\lambda)dx \quad (2\text{-}147)$$

式中，$\gamma(\lambda)$ 为散射系数。式中的负号表示的是减少的量。散射系数与介质内微粒（或称散射元）的大小和数目以及散射介质的性质有关。

如果把式（2-147）从 0 到 x 积分，则得

$$P_\lambda(x) = P_\lambda(0)e^{-\gamma(\lambda)x} \quad\quad\quad (2\text{-}148)$$

式中，$P_\lambda(0)$ 为在 $x=0$ 处的辐射功率；$P_\lambda(x)$ 为在只有散射的介质内通过距离 x 后的辐射功率。介质的散射作用，也使辐射功率按指数规律随传播距离增加而减少。

以上分别讨论了介质只有吸收或只有散射作用时，辐射功率的传播规律。只考虑吸收的内透射率 $\tau_i'(\lambda)$ 和只考虑散射的内透射率 $\tau_i''(\lambda)$ 的表示式为

$$\tau_i'(\lambda) = \frac{P_\lambda'(x)}{P_\lambda(0)} = e^{-a(\lambda)x} \quad\quad\quad (2\text{-}149)$$

$$\tau_i''(\lambda) = \frac{P_\lambda''(x)}{P_\lambda(0)} = e^{-\gamma(\lambda)x} \quad\quad\quad (2\text{-}150)$$

如果在介质内同时存在吸收和散射作用，并且认为这两种衰减机理彼此无

关，那么，总的内透射率应该是

$$\tau_i(\lambda) = \frac{P_{\tau\lambda}(x)}{P_{i\lambda}(0)} = \tau_i'(\lambda) \cdot \tau_i''(\lambda) = \exp\{-[a(\lambda) + \gamma(\lambda)]x\} \quad (2\text{-}151)$$

于是，可以写出在同时存在吸收和散射的介质内，功率为 $P_{i\lambda}$ 的辐射束传播距离为 x 的路程后，透射的辐射功率为

$$P_{\tau\lambda}(x) = P_{i\lambda}(0)\exp\{-[a(\lambda) + \gamma(\lambda)]x\} = P_{i\lambda}(0)\exp[-K(\lambda)x]$$
$$(2\text{-}152)$$

式中，$K(\lambda) = a(\lambda) + \gamma(\lambda)$ 称为介质的消光系数。式（2-152）就叫朗伯定律。

B 朗伯-比耳定律

在讨论吸收现象时，比较方便的办法是用引起吸收的个别单元来讨论。假设在一定的条件下，每个单元的吸收不依赖于吸收元的浓度，则吸收系数就正比于单位程长上所遇到的吸收元的数目，即正比于这些单元的浓度 n_a，可以写为

$$a(\lambda) = a'(\lambda)n_a \quad (2\text{-}153)$$

式中，$a'(\lambda)$（通常是波长的函数）为单位浓度的吸收系数。式（2-153）叫做比耳定律。

上面关于 $a'(\lambda)$ 与浓度 n_a 无关的假设，在某些情况下是不适用的。例如浓度的变化可能改变吸收分子的本质或引起吸收分子间的相互作用。

用同样的方法，散射系数可以写为

$$\gamma(\lambda) = \gamma'(\lambda)n_\gamma \quad (2\text{-}154)$$

式中，n_γ 为散射元的浓度；$\gamma(\lambda)$ 为单元浓度的散射系数。因为 $a'(\lambda)$ 和 $\gamma'(\lambda)$ 具有面积的量纲，所以又称为吸收截面和散射截面。

应用这些定义，我们就可以把朗伯定律写为

$$P_{\tau\lambda}(x) = P_{i\lambda}(0)\exp\{-[a'(\lambda)n_a + \gamma'(\lambda)n_a]x\} \quad (2\text{-}155)$$

式（2-155）称为朗伯-比耳定律。该定律表明：在距离表面为 x 的介质内透射的辐射功率将随介质内的吸收元和散射元的浓度的增加而以指数规律衰减。这个定律的重要应用之一是用红外吸收法做混合气体组分的定量分析。常用的红外气体分析仪就是按此原理工作的。

2.2.7.3 阿贝定律

A 辐射在均匀无损耗介质中传播时辐射亮度不变

如图 2-27 所示，一辐射束在均匀无损耗介质中传播，在传播路程上任取两点 P_1 和 P_2，相距 l。过两点作两面元 dA_1 和 dA_2，若面元 dA_1 的辐射亮度为 L_1 则由 dA_1 发出并到达 dA_2 的辐射功率为

$$dP_1 = L_1 dA_1 \cos\theta_1 d\Omega_1 = L_1 A_1 \cos\theta_1 \cdot \left(\frac{dA_2\cos\theta_2}{l^2}\right) \quad (2\text{-}156)$$

由于辐射在无损耗的介质中传播，因此 dA_2 接收到的辐射功率 $dP_2 = dP_1$，假设 dA_2 的辐射亮度为 L_2，则由辐射亮度的定义可知

$$L_2 = \frac{dP_2}{L_2 dA_2 \cos\theta_2 d\Omega_2} = \frac{L_1 dA_1 \cos\theta_1 \cdot (dA_2 \cos\theta_2 / l^2)}{L_2 dA_2 \cos\theta_2 d\Omega_2} = L_1 \frac{dA_1 \cos\theta_1 \cdot (dA_2 \cos\theta_2 / l^2)}{dA_2 \cos\theta_2 \cdot (dA_1 \cos\theta_1 / l^2)} = L_1$$

$$(2\text{-}157)$$

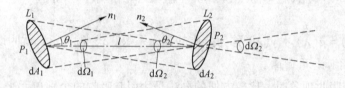

图 2-27　均匀无损耗介质中辐射的传播

由于 dA_1 和 dA_2 为任意取的两个面元，因此上述结论对一般情况成立，即辐射在均匀无损耗介质中传播时，辐射亮度不变。

B　辐射亮度定理

现在将上面得到的结论加以推广。首先定义 L/n^2 为辐射束的基本辐射亮度，其中 n 是介质的折射率。辐射亮度定理的基本含意是指当辐射光束通过任意无损耗的光学系统时，辐射束的基本辐射亮度不变。

如图 2-28 所示，设两种介质的折射率为 n_1 和 n_2，介质表面的反射率在两介质交界面上取面积元 dA，辐射亮度为 L_1 的一束辐射与 dA 法线之间的夹角为 θ_1，这束辐射在 $d\Omega_1$ 立体角内入射到 dA 表面上的辐射功率为

$$d^2 P_1 = L_1 dA \cos\theta_1 d\Omega_1 \quad (2\text{-}158)$$

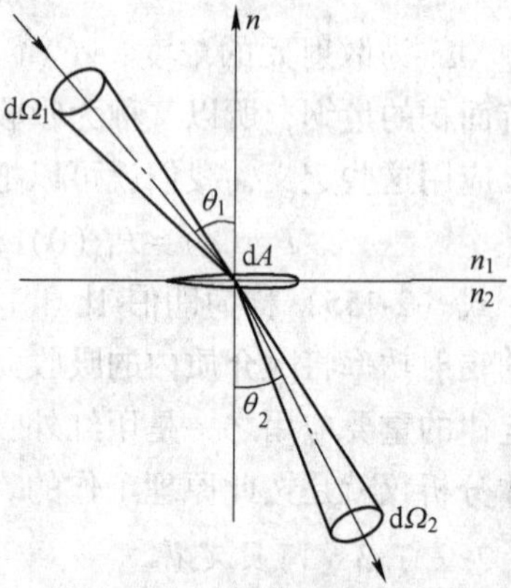

设想 dA 在折射率为 n_2 的介质中，通过 dA 输出的辐射功率为 $d^2 P_2 = L_2 dA \cos\theta_2 d\Omega_2$。由已知条件可知，辐射束在两介质表面折射时无损耗，则

$$d^2 P_1 = d^2 P_2 \quad (2\text{-}159)$$

并有

图 2-28　基本辐射亮度守恒

$$\frac{L_2}{L_1} = \frac{\cos\theta_1 d\Omega_1}{\cos\theta_2 d\Omega_2} \quad (2\text{-}160)$$

利用球坐标有

$$\frac{\mathrm{d}\Omega_1}{\mathrm{d}\Omega_2} = \frac{\sin\theta_1\mathrm{d}\theta_1\mathrm{d}\varphi_1}{\sin\theta_2\mathrm{d}\theta_2\mathrm{d}\varphi_2} \tag{2-161}$$

根据折射定律，入射线、法线和折射线在同一平面内，所以 $\mathrm{d}\varphi_1 = \mathrm{d}\varphi_2 = \mathrm{d}\varphi$，且入射角和折射角满足

$$n_1\sin\theta_1 = n_2\sin\theta_2 \tag{2-162}$$

微分后得

$$n_1\cos\theta_1\mathrm{d}\theta_1 = n_2\cos\theta_2\mathrm{d}\theta_2 \tag{2-163}$$

利用以上这些关系，我们可以得到

$$\frac{L_1}{n_1^2} = \frac{L_2}{n_2^2} \tag{2-164}$$

此式通常称为阿贝定律。它表明辐射束通过不同折射率无损耗介质表面时，基本辐射亮度是守恒的，从而可以断定，当辐射通过光学系统时，在辐射方向上沿视线测量的每一点的基本辐射亮度是不变的。

如果介质表面的反射率 $\rho \neq 0$，则式（2-164）应改为

$$\frac{L_1}{n_1^2}(1-\rho) = \frac{L_2}{n_2^2} \tag{2-165}$$

2.2.8 光学系统中的辐射量计算

在红外系统设计中，常常要涉及不同的光学系统，下面简单介绍一下不同光学系统中辐射量的计算问题[146~148]。

2.2.8.1 像的辐射亮度和辐射强度

A 反射系统

我们只讨论镜面反射情况下，光源像的辐射亮度与光源的辐射亮度的关系。图 2-29 示意了反射镜 M 的镜面反射。光源 C 的辐射亮度为 L，它发出的光束在 P 点入射，入射光束的立体角为 $\mathrm{d}\Omega$。在研究光束时，必须把 P 点看成是在该点与 M 相切的平面 M' 上的一个微元 $\mathrm{d}S$。M' 在 P 点的法线是反射光线与入射光线的对称线 PM，因此，反射光束的立体角等于入射光束的立体角，从反射光线的方向回观微面元 $\mathrm{d}S$ 的辐射亮度即光源像的辐射亮度。

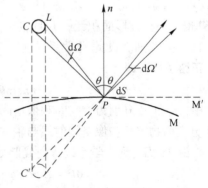

图 2-29 镜面反射

由立体角投影定理可知，光源 C 在 dS 上产生的辐射照度为

$$E = L\mathrm{d}\Omega\cos\theta \qquad (2\text{-}166)$$

所以，入射 dS 上的辐射通量为

$$\mathrm{d}P = E\mathrm{d}S = L\mathrm{d}S\mathrm{d}\Omega\cos\theta \qquad (2\text{-}167)$$

如果用 ρ 表示反射镜的反射率，则反射光束通量为

$$\mathrm{d}P' = \rho\mathrm{d}P = \rho L\mathrm{d}S\cos\theta\mathrm{d}\Omega \qquad (2\text{-}168)$$

由辐射亮度的定义可以看出，反射光束的辐射通量 dP' 相当于辐射亮度的微面元在与法线下成 θ 角的方向上 dΩ 立体角内发出的辐射通量，所以 dS 的亮度 L' 为

$$L' = \rho L \qquad (2\text{-}169)$$

由上述可知，此辐射亮度正是光源像 C' 的辐射亮度。所以，我们得出结论：光源像的辐射亮度等于光源辐射亮度与反射镜面的反射率的乘积。由于 M 是任意的，因此该结论对整个镜反射表面都是正确的。

由式（2-169）可知，光源像的辐射亮度只与镜面反射率及光源本身的辐射亮度有关，与反射镜表面的照度无关。因此，任何形状的反射镜表面，只要各处的反射率 ρ 相同，则整个反射镜表面的辐射亮度就是光源辐射亮度与 ρ 的乘积。

B　透射系统

经光学系统后得出的辐射亮度如何，在实际应用中是很重要的。现在求辐射通过透射系统所形成的像的辐射亮度。这个问题可以从基本辐射亮度守恒定律得出，但由于可能存在像差，因此会引入某些微小差别，如球差能使边缘光线偏离近轴像。所以，像的辐射亮度必须建立在成像质量的基础上。

考虑一个如图 2-30 所示的理想透镜 AB，此发光物体是与透镜主光轴垂直的长方形面积元 dS = dxdy，其辐射亮度为 L，它的像 dS' 也是一长方形面积元，并且也垂直于主光轴。设此光学系统遵守正弦条件，即

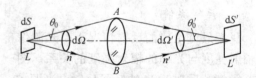

图 2-30　像的辐射亮度

$$nh\sin\theta_0 = n'h'\sin\theta_0' \qquad (2\text{-}170)$$

式中，n 和 n' 分别为物空间和像空间的折射率；h 和 h' 分别为物高和像高；θ_0 和 θ_0' 分别为物空间和像空间射线与轴的夹角。

由 dS 辐射到光学系统入射光瞳处 d$\Omega_0 = \sin\theta_0\mathrm{d}\theta_0\mathrm{d}\varphi$ 立体角元内的辐射功率为

$$\mathrm{d}P = L(\theta,\ \varphi)\mathrm{d}x\mathrm{d}y\sin\theta_0\cos\theta_0\mathrm{d}\theta_0\mathrm{d}\varphi \qquad (2\text{-}171)$$

如果该系统无损耗，则这个功率必须从立体角元 d$\Omega_0' = \sin\theta_0'\mathrm{d}\theta_0'\mathrm{d}\varphi'$ 通过像空间的面积元 dS' = dx'dy'。设像的辐射亮度为 $L'(\theta,\ \varphi)$，则

$$dP' = L'(\theta',\ \varphi')dx'dy'\sin\theta_0'\cos\theta_0'd\theta_0'd\varphi' \tag{2-172}$$

根据正弦条件，有

$$ndx\sin\theta_0 = n'dx'\sin\theta_0' \tag{2-173}$$

$$ndy\sin\theta_0 = n'dy'\sin\theta_0' \tag{2-174}$$

且有

$$\varphi = \varphi' \tag{2-175}$$

即

$$d\varphi = d\varphi' \tag{2-176}$$

对 θ 求微分得

$$ndy\cos\theta_0 = n'dy'\cos\theta_0' \tag{2-177}$$

由以上各式就可以得到

$$\frac{L(\theta,\ \varphi)}{n'^2} = \frac{L'(\theta',\ \varphi')}{n^2} \tag{2-178}$$

式（2-178）就是像的辐射亮度定理的一般描述。这个结果表明，平面朗伯源的像也可看成是朗伯体，而且像的基本辐射亮度等于源的基本辐射亮度。

如果物方和像方处于同一介质，则有

$$L(\theta,\ \varphi) = L'(\theta',\ \varphi') \tag{2-179}$$

可见，在忽略反射和吸收损失的条件下，像的辐射亮度等于源的辐射亮度。事实上，反射和吸收总是存在的，如果考虑到这些损失，且光学系统的透射率为 τ，则式（2-179）可变为

$$L(\theta,\ \varphi) = \tau L'(\theta',\ \varphi') \tag{2-180}$$

事实上像的辐射亮度总是小于源的辐射亮度。

2.2.8.2 像的辐射照度

如图 2-30 所示，辐射亮度为 L，假设面积为 dA 的朗伯源，它辐射出的射线通过校准过的光学系统在垂直于光轴的屏上成像。该系统假设是消像差的，且遵守阿贝正弦条件。

辐射源 dA 入射到光学系统上的辐射功率为

$$dP = \pi L dA \sin^2\theta \tag{2-181}$$

若光学系统为无损系统，通过像面上的辐射功率为 $dP' = dP$，则像的辐射照度为

$$E' = \frac{dP'}{dA'} = \pi L \frac{dA}{dA'} \cdot \sin^2\theta \tag{2-182}$$

如果 dA 和 dA' 为圆形面积，则正弦条件可表示为

$$nr\sin\theta = n'r'\sin\theta' \tag{2-183}$$

式中，r 为物的半径；r' 为像的半径。这样

$$\frac{\mathrm{d}A}{\mathrm{d}A'} = \frac{n'^2 \sin^2\theta'}{n^2 \sin^2\theta} \tag{2-184}$$

从而像的辐射照度就能表示为

$$E' = \pi \frac{L}{n^2} \cdot n'^2 \cdot \sin^2\theta' \tag{2-185}$$

式中，$n' \cdot \sin\theta' = NA$ 叫做成像系统的数值孔径。这就可以得到，像的辐射照度正比于光学系统的数值孔径的平方。

如果辐射源和像处于同一介质，则有

$$E' = \pi L \sin^2\theta' \tag{2-186}$$

由此可见，式（2-186）与均匀圆盘辐射源所产生的辐射照度公式具有完全相同的形式，因此，可以把透镜看成是和辐射源辐射亮度相同的圆盘辐射源。

光学系统的 $f_数$ 定义为

$$f_数 = \frac{f}{D} \tag{2-187}$$

式中，f 为系统的第二焦距；D 为入瞳直径。所以像的辐射照度公式又可表示为

$$E' = \frac{\pi L}{4} \cdot \frac{n'^2}{n^2} \cdot \frac{1}{f_数^2} \tag{2-188}$$

如果考虑光学系统的衰减效应，则式（2-185）、式（2-186）和式（2-188）将变为

$$E' = \pi \frac{\tau L}{n^2} \cdot n'^2 \cdot \sin^2\theta' \tag{2-189}$$

$$E' = \pi \tau L \sin^2\theta' \tag{2-190}$$

$$E' = \frac{\pi \tau L}{4} \cdot \frac{n'^2}{n^2} \cdot \frac{1}{f_数^2} \tag{2-191}$$

上面得出了轴上像的辐射照度公式。如果知道了轴上点和轴外像点的辐射照度之间的关系，就可求得轴外像点的辐射照度。

假设物平面的辐射亮度是均匀的，并且轴上点和轴外像点对应的光截面相等，即不存在斜光束渐晕，如图 2-31 所示。

由图 2-31 可知，像平面上每一点对应的光束都充满了整个出射光瞳，光学系统的出射光瞳好像是一个发射面，辐照了像平向上的每个点。出射光瞳发射到像平面上不同像点的光束是由物平面上不同的对

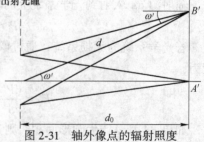

图 2-31 轴外像点的辐射照度

应点发出的。由于物平面上的辐射亮度是均匀的，因此，出射孔射向不同方向的

光辐射亮度也是相同的。因为出射光瞳可以认为是朗伯辐射面，所以，其射向轴外像点的辐射强度应为

$$I = I_0 \cos\omega' \qquad (2\text{-}192)$$

式中，I_0 为出射光瞳沿轴方向的辐射强度；ω' 为像方视场角。

2.2.8.3 系统的总辐射功率

如果光学系统的各部件既不吸收也不反射辐射，辐射通过光学系统时没有能量损失，而且所有的射线在光学系统的出口端没有遇到任何限制光栏，即不存在渐晕，则系统收集到的总功率为

$$P = \iint L \mathrm{d}A \cos\theta \mathrm{d}\Omega \qquad (2\text{-}193)$$

式中，L 为光源上任意点的辐射亮度；$\mathrm{d}A$ 为源上所取的微积分面积元；$\mathrm{d}\Omega$ 为入瞳上的面积元对源上任意点所张的立体角。

如果假设源是均匀的、辐射亮度为 L 的朗伯体，则光学系统所传递的辐射功率为

$$P = L \iint \mathrm{d}A \cos\theta \mathrm{d}\Omega = \frac{\varepsilon L}{n^2} \qquad (2\text{-}194)$$

式中，$\varepsilon = n^2 \iint \mathrm{d}A \cos\theta \mathrm{d}\Omega$ 为一个表示系统对辐射功率收集能力的几何量。它与源的基本辐射亮度的乘积给出了被收集的辐射功率。

若源的面积为 A，则

$$\varepsilon = n^2 A \int \cos\theta \mathrm{d}\Omega = n^2 A \cdot \Omega_\theta \qquad (2\text{-}195)$$

式中，$\Omega_\theta = \int_0^{\theta_0} 2\pi \sin\theta \cos\theta \mathrm{d}\theta = \pi \sin^2\theta_0$ 为光源的投影立体角，从而有

$$\varepsilon = \pi n^2 A \sin^2\theta_0 \qquad (2\text{-}196)$$

根据阿贝正弦条件可得

$$\varepsilon = \pi n'^2 A' \sin^2\theta_0' \qquad (2\text{-}197)$$

由于光学系统是无损耗的，且 $L/n^2 = L'/n'^2$，因此光学系统所传递的辐射功率为

$$P = \frac{L}{n^2} \cdot \varepsilon = \frac{L'}{n'^2} \cdot \varepsilon \qquad (2\text{-}198)$$

2.3 热辐射的基本规律

本节首先讨论任意物体在热平衡条件下的辐射规律，即基尔霍夫定律。接着讨论黑体的辐射规律，即普朗克公式、维恩位移定律、斯特藩-玻耳兹曼定律。

2.3.1　物体辐射类型

物体的辐射（即物体的发光）要消耗能量。物体发光消耗的能量一般有两种：一种是物体本身的能量；另一种是物体从外界得到的能量。由于能量的供给方式不同，可把物体的辐射分为如下不同的类型[149]：

（1）化学辐射。在发光过程中，物质内部发生了化学变化，如腐木的辉光、磷在空气中渐渐氧化的辉光等，都属于化学发光。在这种情况下，辐射能的发射与物质成分的变化和物质内能的减少是同时进行的。

（2）光致辐射。物体的发光是由预先照射或不断照射所引起的。在这种情况下，要想维持发光，就必须以光的形式把能量不断地输给发光物体，即消耗的能量是由外光源提供的。

（3）电致辐射。物体发出的辉光是由电的作用直接引起的。这类最常见的辉光是气体或金属蒸气在放电作用下产生的。放电可以有各种形式，如辉光放电、电弧放电、火花放电等。在这些情况下，辐射所需要的能量是由电能直接转化而来的。除此之外，用电场加速电子轰击某些固体材料也可产生辉光，例如变像管、显像管、荧光屏的发光就属于这类情况。

（4）热辐射。物体在一定温度下发出电磁辐射。显然，要维持物体发出辐射就必须给物体加热。热辐射的性质可由热力学预测和解释，且如果理想热辐射体表面温度已知，那么其辐射特性就可以完全确定。一般的钨丝灯泡发光表面上看似电致发光，其实，钨丝灯因为所供给灯丝的电能并不是直接转化为辐射能，而是首先转化为热能，使钨丝灯的温度升高，导致发光，因而钨丝灯的辐射属于热辐射。

2.3.2　基尔霍夫定律与理想黑体

基尔霍夫定律是热辐射理论的基础之一。它不仅把物体的发射与吸收联系起来，而且还指出了一个好的吸收体必然是一个好的发射体。

2.3.2.1　基尔霍夫定律

如图 2-32 所示，任意物体 A 置于等温腔内，腔内为真空。物体 A 在吸收腔内辐射的同时又在发射辐射，最后物体 A 将与空腔达到同一温度 T，这时称物体 A 与空腔达到了热平衡状态。在热平衡状态下，物体 A 发射的辐射功率必等于它所吸收的辐射功率，否则物体 A 将不能保持温度 T。于是有[150]

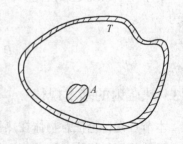

$$M = \alpha E \qquad (2\text{-}199)$$

图 2-32　等温腔内的物体

式中，M 为物体 A 的辐射出射度；α 为物体 A 的吸收率；E 为物体 A 上的辐射照度。式（2-199）又可写为

$$\frac{M}{\alpha} = E \tag{2-200}$$

这就是基尔霍夫定律的一种表达形式，即在热平衡条件下，物体的辐射出射度与其吸收率的比值等于空腔中的辐射照度，这与物体的性质无关。物体的吸收率越大，则它的辐射出射度也越大，即好的吸收体必是好的发射体。

对于不透明的物体，透射率为零，则 $\alpha = 1 - \rho$，其中 ρ 为物体的反射率。这表明，好的发射体必是弱的反射体。

式（2-200）用光谱量可表示为

$$\frac{M_\lambda}{\alpha_\lambda} = E_\lambda \tag{2-201}$$

2.3.2.2 理想黑体模型

所谓黑体（或绝对黑体），是指在任何温度下能够全部吸收任何波长入射辐射的物体。按此定义，黑体的反射率和透射率均为零，吸收率等于 1，即

$$\alpha_{bb} = \alpha_{\lambda bb} = 1 \tag{2-202}$$

式中，下角标 bb 特指黑体。

黑体是一个理想化的概念，在自然界中并不存在真正的黑体。然而，一个开有小孔的空腔就是一个黑体的模型，在一个密封的空腔上开一个小孔，当一束入射辐射由小孔进入空腔后，在腔体表面上要经过多次反射，每反射一次，辐射就被吸收一部分，最后只有极少量的辐射从小孔逸出。譬如腔壁的吸收率为 0.9，则进入腔内的辐射功率只经三次反射后，就吸收了入射辐射功率的 0.999，故可以认为进入空腔的辐射完全被吸收。因此，腔孔的辐射就相当于一个面积等于腔孔面积的黑体辐射。现在证明密闭空腔中的辐射就是黑体的辐射。

如果在图 2-32 中，真空腔体中放置的物体 A 是黑体，则由式（2-201）得到

$$E_\lambda = M_{\lambda bb} \tag{2-203}$$

即黑体的光谱辐射出射度等于空腔容器内的光谱辐射照度。而空腔在黑体产生的光谱辐射照度可用大面源所产生的辐照公式 $E_\lambda = M_{\lambda bb} \sin\theta_0^2$ 求得。因为黑体对大面源空腔所张的半视场角 $\theta_0 = \pi/2$，则 $\sin\theta_0^2 = 1$，于是得到 $E_\lambda = M_\lambda$，即空腔在黑体上的光谱辐射照度等于空腔的光谱辐射出射度。与式（2-203）联系，则可得到

$$M_\lambda = M_{\lambda bb} \tag{2-204}$$

即密闭空腔的光谱辐射出射度等于黑体的光谱辐射出射度，所以，密闭空腔中的辐射即为黑体的辐射，而与构成空腔的材料的性质无关。

2.3.2.3　黑体的辐射亮度与能量密度

考虑一个均匀的辐射场。首先确定辐射到达给定立体角元 $d\Omega$ 的那部分场对能量密度的贡献，然后再把所有可能方向对能量密度的贡献相加，为此，在辐射场中取一面积元 dA，dA 在与其法线夹角为 θ 的方向上，在立体角元 $d\Omega$ 内的辐射功率为

$$d^2P = LdA\cos\theta d\Omega \tag{2-205}$$

式中，L 为 dA 的辐射亮度。在 dt 时间内，通过 dA 的能量为

$$d^3Q = LdA\cos\theta d\Omega dt \tag{2-206}$$

因为该能量包含在以 dA 为底，以 $cdt\cos\theta$ 为高的体积内（c 为光速），所以包含能量密度为

$$d\omega = \frac{d^3Q}{d^3V} = \frac{LdA\cos\theta d\Omega dt}{dAcdt\cos\theta} = \frac{Ld\Omega}{c} \tag{2-207}$$

场内所有方向对 $d\omega$ 的贡献为

$$\omega = \int d\omega = \frac{4\pi L}{c} \tag{2-208}$$

或

$$L = \frac{c\omega}{4\pi} \tag{2-209}$$

因为能量密度 ω 与光子数密度 n 的关系为 $\omega = nh\nu$，辐射亮度 L 与光子辐射亮度 L_p 的关系为 $L/(h\nu) = L_p$，所以有

$$L_p = \frac{cn}{4\pi} \tag{2-210}$$

2.3.2.4　黑体为朗伯辐射体

上面已经明确了密闭等温空腔中的辐射为黑体辐射。这里将推证黑体辐射遵守朗伯体的辐射规律。在一密闭等温空腔中取一假想的面 dA，其辐射亮度为 L，dA 在腔壁上的辐射照度按立体角投影定理有

$$dE = L\cos\theta d\Omega \tag{2-211}$$

上式对立体角求积分，得腔壁面上的总辐射照度为

$$E = \int_{2\pi} L\cos\theta d\Omega \tag{2-212}$$

因为空腔是等温的，所以其能量密度是均匀的，按式（2-209），辐射亮度应为常数，与方向无关。于是有

$$E = \pi L = \frac{c\omega}{4} \tag{2-213}$$

假如在腔壁上开一小孔，腔内辐射将通过小孔向外辐射，小孔的辐射度就等

于腔壁的总辐射照度，即 $M = E = \pi L$ 。这说明小孔的辐射遵守朗伯体的辐射规律，或说小孔为朗伯源。

2.3.3 普朗克公式

普朗克公式在近代物理发展中占有极其重要的地位[151]。普朗克关于微观粒子能量不连续的假设，首先用于普朗克公式的推导上，并得到了与实验一致的结果，从而奠定了量子论的基础。

2.3.3.1 普朗克公式的推导

由于普朗克公式是黑体辐射理论最基本的公式，因此在这里进行此公式的推导。我们采用半经典的推导方法，以空腔为黑体模型。空腔壁的原子看作是电磁振子，发射的电磁波在空腔内叠加而形成驻波。当空腔处于热平衡状态时，空腔中形成稳定的驻波。首先确定空腔中的驻波数，即模式数，然后用普朗克假设和玻耳兹曼分布规律确定每个模式的平均能量，最后求出单位体积和波长间隔的辐射能量，即普朗克公式。

A　光子的状态和状态数

在经典力学中，质点的运动状态完全由其坐标 (x, y, z) 和动量 (p_x, p_y, p_z) 确定。若采用广义笛卡尔坐标 x，y，z，p_x，p_y，p_z 所组成的六维空间来描述质点的运动状态，则将这六维空间称为相空间。相空间内的点表示质点的一个运动状态，但是光子的运动状态和经典宏观质点的运动状态有着本质的区别，它受量子力学测不准关系的制约。测不准关系表明：微观粒子的坐标和动量不能同时准确测定。在三维运动情况下，测不准关系为

$$\Delta x \Delta y \Delta z \Delta p_x \Delta p_y \Delta p_z \cong h^3 \qquad (2-214)$$

式中，$h = 6.624 \times 10^{-34} \text{J} \cdot \text{s}$ ，称为普朗克常数。于是在六维相空间中，一个光子对应的相空间体积元为 h^3 ，该相空间体积元称为相格。光子的运动状态在相空间中对应的不是一个点，而是一个相格。从式（2-214）还可得出一个相格所占有的坐标空间体积为

$$\Delta x \Delta y \Delta z \cong \frac{h^3}{\Delta p_x \Delta p_y \Delta p_z} \qquad (2-215)$$

现在考虑一个体积为 V 的空腔内的光子的集合。设空腔线度远远大于光波波长，光子频率连续分布，光子的行进方向按 4π 立体角均匀分布。该空腔内的光子集合所包含的所有可能状态是与六维相空间一定的相体积对应的。动量绝对值处于 p 到 $p+\mathrm{d}p$ 内的光子集合所对应的体积为

$$V_{相} = 4\pi p^2 \Delta p V \qquad (2-216)$$

利用关系 $p = mc = h\nu/c$（m 为光子的运动质量，c 为光速，ν 为光子的频率）

可将上式化为频率处于 ν 到 $\nu+d\nu$ 内的光子集合所对应的相体积：

$$V_{相} = 4\pi \frac{h^3}{c^3} \nu^2 \Delta\nu V \qquad (2\text{-}217)$$

因为一个光子状态对应的相体积元为 h^3，所以按上式可求出在空间 V 内频率处于 $\Delta\nu$ 内的光子集合所对应的状态数为

$$g_{\Delta\nu} = 4\pi \frac{\nu^2}{c^3} \Delta\nu V \qquad (2\text{-}218)$$

若进一步考虑到光子的偏振特性，上式应变为

$$g_{\Delta\nu} = 8\pi \frac{\nu^2}{c^3} \Delta\nu V \qquad (2\text{-}219)$$

B　电磁波的模式数

按经典电磁理论，单色平面波函数是麦克斯韦方程的一种特解，而麦克斯韦方程的通解可表示为一系列的单色平面波的线性叠加。在自由空间内，具有任意波矢 k 的单色平面波都可以存在。但在一个有边界条件限制的空间 V 内，只能存在一系列独立的具有特定波矢 k 的平面单色驻波。这种能够存在的驻波称为电磁波的模式，在 V 内能够存在的平面单色驻波数即为模式数或状态数。

现在来确定空腔内的模式数。设空腔为 $V = \Delta x \Delta y \Delta z$ 的立方体，并设空腔线度远大于电磁波波长 λ。沿三个坐标传播的波分别满足驻波条件，即

$$\Delta x = m\frac{\lambda}{2},\ \Delta y = n\frac{\lambda}{2},\ \Delta z = q\frac{\lambda}{2} \qquad (2\text{-}220)$$

式中，m、n、q 为正整数。而波矢 k 应满足的条件为（$k = 2\pi/\lambda$）

$$k_x = m\frac{\pi}{\Delta x},\ k_y = n\frac{\pi}{\Delta y},\ k_z = q\frac{\pi}{\Delta z} \qquad (2\text{-}221)$$

每一组正整数 m、n、q 对应腔内一种模式。

如果在 k_x、k_y、k_z 为轴的直角坐标中，即在波矢空间中表示波的模式，则每一模式对应波矢空间的一个点。在三个坐标方向上，每一模式与相邻模式的间隔为

$$\Delta k_x = \frac{\pi}{\Delta x},\ \Delta k_y = \frac{\pi}{\Delta y},\ \Delta k_z = \frac{\pi}{\Delta z} \qquad (2\text{-}222)$$

因此，每个模式在波矢空间占有的一个体积元为

$$\Delta k_x \Delta k_y \Delta k_z = \frac{\pi^3}{\Delta x \Delta y \Delta z} = \frac{\pi^3}{V} \qquad (2\text{-}223)$$

在 k 空间，波矢绝对值处于 k 到 $k + \Delta k$ 区间的体积为 $4\pi k^2 \Delta k / 8$，故在此体积内的模式数为

$$g_{\Delta\nu} = \frac{1}{8} 4\pi k^2 \Delta k \frac{V}{\pi^3} \qquad (2\text{-}224)$$

利用关系式 $k = 2\pi/\lambda = 2\pi\nu/c$ 和 $\Delta k = 2\pi\Delta\nu/c$，上式可化为频率处于 ν 到 $\nu + \Delta\nu$ 内的模式数

$$g_{\Delta\nu} = 4\pi \frac{\nu^2}{c^3} \Delta\nu V \tag{2-225}$$

再考虑对应同一 k 有两种不同的偏振，上式应为

$$g_{\Delta\nu} = 8\pi \frac{\nu^2}{c^3} \Delta\nu V \tag{2-226}$$

将式（2-226）与式（2-219）比较，可以看出光子态和电磁波模式是等效的，光子态数与电磁波模式数是相同的。

C　以波长为变量的普朗克公式

普朗克假设在一个等温空腔内，电磁波的每一模式的能量是不连续的，只能取 $E_n = nh\nu (n = 1, 2, 3, \cdots)$ 中的任意一个值。而腔内电磁波的模式与光子态相对应，即每一光子态的能量也不能取任意值，而只能取一系列不连续值。根据普朗克的这一假设，每个模式的平均能量为

$$\overline{E} = \frac{\sum_{n=0}^{\infty} nh\nu e^{-nh\nu/K_B T}}{\sum_{n=0}^{\infty} e^{-nh\nu/K_B T}} = \frac{\sum_{n=0}^{\infty} nh\nu e^{-nx}}{\sum_{n=0}^{\infty} e^{-nx}} \tag{2-227}$$

式中，T 为空腔的绝对温度，K；K_B 为玻耳兹曼常数，其值为 1.38×10^{-23} J/K；$x = h\nu/(K_B T)$。因为 $\sum_{n=0}^{\infty} e^{-nx} = 1/(1 - e^{-x})$，所以式（2-227）可写为

$$\overline{E} = h\nu(1 - e^{-x}) \sum_{n=0}^{\infty} e^{-nx} = -h\nu(1 - e^{-x}) \sum_{n=0}^{\infty} \frac{d}{dx} e^{-nx} = -h\nu(1 - e^{-x}) \frac{d}{dx} \sum_{n=0}^{\infty} e^{-nx}$$

$$= -h\nu(1 - e^{-x}) \frac{d}{dx}\left(\frac{1}{1 - e^{-x}}\right) = h\nu\left(\frac{e^{-x}}{1 - e^{-x}}\right) = \frac{h\nu}{e^{-x} - 1} = \frac{h\nu}{e^{h\nu/(K_B T)} - 1} \tag{2-228}$$

因为处于频率 ν 到 $\nu + \Delta\nu$ 内的模式数为

$$g_{d\nu} = \frac{8\pi h\nu^3 V d\nu}{c^3} \tag{2-229}$$

则处于这个范围内的总能量为

$$E_{d\nu} = \frac{8\pi h\nu^3 V}{c^3} \cdot \frac{1}{e^{h\nu/(K_B T)} - 1} d\nu \tag{2-230}$$

将上式除以 V，可得单位体积和 $d\nu$ 范围内的能量为

$$\omega_\nu d\nu = \frac{8\pi h\nu^3}{c^3} V \cdot \frac{1}{e^{h\nu/(K_B T)} - 1} d\nu \tag{2-231}$$

式（2-231）为单位体积和单位频率间隔内的辐射能量，即为辐射场的光谱能量

密度，其单位是 J/(m³·Hz)。

也可根据 $\omega_\nu \mathrm{d}\nu = \omega_\lambda(-\mathrm{d}\lambda)$ 以及 $\lambda = c/\nu$ 和 $\mathrm{d}\lambda = c\mathrm{d}\nu/\nu^2$，由式（2-231）求得单位体积和单位波长间隔的辐射能量为

$$\omega_\lambda = \frac{8\pi hc}{\lambda^5} \cdot \frac{1}{\mathrm{e}^{hc/(K_\mathrm{B}T)} - 1} \tag{2-232}$$

这就是以波长为变量的普朗克公式。

2.3.3.2　普朗克公式及其意义

上面已导出以波长为变量的黑体辐射普朗克公式，见式（2-232）。按光谱辐射亮度与光谱能量密度的关系从 $L_\lambda = c\omega_\lambda/(4\pi)$ 以及黑体所遵守的朗伯辐射规律 $M_\lambda = \pi L_\lambda$，得黑体的光谱辐射出射度为

$$M_{\lambda\mathrm{bb}} = \frac{2\pi hc^2}{\lambda^5} \cdot \frac{1}{\mathrm{e}^{hc/(K_\mathrm{B}T)} - 1} = \frac{c_1}{\lambda^5} \cdot \frac{1}{\mathrm{e}^{c_2/(\lambda T)} - 1} \tag{2-233}$$

式中，$M_{\lambda\mathrm{bb}}$ 为黑体的光谱辐射出射度，W/(m²·μm)；λ 为波长，μm；T 为绝对温度，K；c 为光速，m/s；c_1 为第一辐射常数 $c_1 = 2\pi hc^2 = (3.7415 \pm 0.0003) \times 10^8 \mathrm{W} \cdot \mu\mathrm{m}^4/\mathrm{m}^2$；$c_2$ 为第二辐射常数，$c_2 = hc/K_\mathrm{B} = (1.43879 \pm 0.00019) \times 10^4 \mu\mathrm{m} \cdot \mathrm{K}$；$K_\mathrm{B}$ 为玻耳兹曼常数，J/K。式（2-233）即为描述黑体辐射光谱分布的普朗克公式，也叫做普朗克辐射定律。

2.3.3.3　普朗克公式的近似

下面讨论普朗克公式（2-233）在以下两种极限条件下的情况。

（1）当 $c_2/(\lambda T) \gg 1$ 时，即 $hc/\lambda \gg K_\mathrm{B}T$，对应短波或低温情形，普朗克公式中的指数项远大于1，故可以把分母中的1忽略，这时普朗克公式变为

$$M_{\lambda\mathrm{bb}} = \frac{c_1}{\lambda^5} \cdot \mathrm{e}^{-\frac{c_2}{\lambda T}} \tag{2-234}$$

这就是维恩公式，它仅适用于黑体辐射的短波部分。

（2）当 $c_2/(\lambda T) \ll 1$ 时，对应长波或高温情形，可将普朗克公式中的指数项展成级数，并取前两项：$\mathrm{e}^{\frac{c_2}{\lambda T}} = 1 + c_2/(\lambda T) + \cdots$，这时普朗克公式变为

$$M_{\lambda\mathrm{bb}} = \frac{c_1}{c_2} \cdot \frac{T}{\lambda^4} \tag{2-235}$$

这就是瑞利-普金公式，它仅适用于黑体辐射的长波部分。

2.3.3.4　用光子数表示的普朗克公式

普朗克公式也能以光子的形式给出，这在研究光子探测器的性能时是很有用的。如果将普朗克公式（2-233）除以一个光子的能量 $h\nu = hc/\lambda$，就可以得到以光谱光子辐射出射度表示的普朗克公式为

$$M_{p\lambda bb} = \frac{c_1}{hc\lambda^4} \cdot \frac{1}{e^{c_2/(\lambda T)} - 1} = \frac{c_1'}{\lambda^4} \cdot \frac{1}{e^{c_2/(\lambda T)} - 1} \qquad (2\text{-}236)$$

式中，$c_1' = 2\pi c = 1.88365 \times 10^{27} \mu m^3/(s \cdot m^2)$；$M_{p\lambda bb}$ 为单位时间内，黑体单位面积、单位波长间隔、向空间半球发射的光子数，$1/(s \cdot m^2 \cdot \mu m)$。

2.3.3.5 用其他变量表示的普朗克公式

除了以波长为变量表示普朗克公式外，还可以用其他变量来表示。这些变量是频率 ν、圆频率 ω、波数 $\tilde{\nu}$，波矢 $\boldsymbol{k}$，归一化辐射变量 $x(x = h\nu/(K_B T))$。

这些变量（包括波长变量）又叫光谱变量，它们之间的关系为

$$\nu = c\tilde{\nu} = \frac{\omega}{2\pi} = \frac{c}{2\pi}k = \frac{K_B T}{h}x = \frac{c}{\lambda} \qquad (2\text{-}237)$$

$$\lambda = \frac{c}{\nu} = \frac{1}{\tilde{\nu}} = 2\pi c \frac{1}{\omega} = (2\pi)\frac{1}{k} = \frac{hc}{K_B T}\frac{1}{x} \qquad (2\text{-}238)$$

由以上关系可以得到它们的微分关系

$$d\nu = cd\tilde{\nu} = \frac{1}{2\pi}d\omega = \frac{c}{2\pi}dk = \frac{K_B T}{h}dx = -\frac{cd\lambda}{\lambda^2} \qquad (2\text{-}239)$$

$$d\lambda = -\frac{cd\nu}{\nu^2} = -\frac{d\tilde{\nu}}{\tilde{\nu}^2} = -(2\pi c)\frac{d\omega}{\omega^2} = -(2\pi)\frac{dk}{k^2} = -\left(\frac{hc}{K_B T}\right)\frac{dx}{x^2} \qquad (2\text{-}240)$$

有了上面这些变量之间的关系和变量微分之间的关系，就可以利用波长为变量的普朗克公式（2-233）和式（2-234）求出用其他变量表示的普朗克公式。例如，求以频率表示的普朗克公式，可由

$$M_{p\lambda bb}(-d\lambda) = M_{p\nu bb}(d\nu) \qquad (2\text{-}241)$$

得到。由式（2-241）可知，无论用什么变量来表示，单位时间、单位面积该黑体发射的光子数是不变的。按式（2-241）有

$$\frac{2\pi c}{\lambda^4} \cdot \frac{d\lambda}{e^x - 1} = \frac{2\pi c}{(c/\nu)^4} \cdot \frac{1}{e^x - 1} \cdot \frac{cd\nu}{\nu^2} = \frac{2\pi \nu^2}{c^2} \cdot \frac{d\nu}{e^x - 1} \qquad (2\text{-}242)$$

于是得

$$M_{p\nu bb} = \frac{2\pi \nu^2}{c^2} \cdot \frac{d\nu}{e^x - 1} \qquad (2\text{-}243)$$

由 $M_{\nu bb} = M_{p\nu bb} \cdot h\nu$ 得

$$M_{\nu bb} = \frac{2\pi h\nu^3}{c^2} \cdot \frac{1}{e^x - 1} \qquad (2\text{-}244)$$

类似的推导可得如下关系：

$$M_{\lambda bb}\lambda = M_{\nu bb}\nu = M_{\omega bb}\omega = M_{\tilde{\nu} bb}\tilde{\nu} = M_{k bb}k = M_{x bb}x \qquad (2\text{-}245)$$

2.3.3.6　广义普朗克函数

广义的普朗克函数可用一个通用的函数 R 表示为

$$R(x,\ T) = \frac{CT^l x^m}{e^x - 1} \tag{2-246}$$

式中，C 为常数；m，l 为整数。若 T=常数，式（2-246）也可写成

$$R = \frac{Ay^m}{e^x - 1} \tag{2-247}$$

式中，y 代表各个变量中的某一个变量；A 为常数。式（2-246）和式（2-247）就称为广义普朗克函数。

广义普朗克函数从 $0 \sim T$ 对 x 积分，称为广义普朗克函数的积分，即

$$I_m = CT^l \int_0^\infty \frac{x^m}{e^x - 1} dx \tag{2-248}$$

为计算上式中的积分，首先利用关系式

$$\frac{1}{1 - e^{-x}} = 1 + e^{-x} + e^{-2x} + \cdots = \sum_{n=0}^\infty e^{-nx} \tag{2-249}$$

于是

$$\int_0^\infty \frac{x^m}{e^x - 1} dx = \int_0^\infty x^m \frac{e^{-x}}{1 - e^{-x}} dx = \int_0^\infty x^m \sum_{n=0}^\infty e^{-(n+1)x} dx = \sum_{n=0}^\infty \int_0^\infty x^m e^{-(n+1)x} dx \tag{2-250}$$

再利用积分公式

$$\int_0^\infty x^m \cdot e^{-ax} dx = \frac{m!}{a^{m+1}} = m! \sum_{n=0}^\infty \frac{1}{(n+1)^{m+1}} \tag{2-251}$$

最后再引用 ζ 函数

$$\zeta(x) = \sum_{n=1}^\infty \frac{1}{n^x} \tag{2-252}$$

就可得出

$$\int_0^\infty \frac{x^m}{e^x - 1} dx = m!\ \zeta(m+1) \tag{2-253}$$

2.3.4　维恩位移定律

此定律给出了黑体光谱辐射出射度的峰值 M_{λ_m} 所对应的峰值波长 λ_m 与黑体绝对温度 T 的关系表示式。

2.3.4.1　维恩位移定律推导

维恩位移定律可由普朗克公式（2-232）对波长求导数，并令导数等于零求

得，即令

$$\frac{\mathrm{d}M_{\lambda\mathrm{bb}}}{\mathrm{d}\lambda} = \frac{\mathrm{d}}{\mathrm{d}\lambda}\left(\frac{c_1}{\lambda^5} \cdot \frac{1}{\mathrm{e}^{c_2/(\lambda T)} - 1}\right) = 0 \tag{2-254}$$

由式（2-254）可得

$$\left(1 - \frac{x}{5}\right) \cdot \mathrm{e}^x = 1 \tag{2-255}$$

式中，$x = c_2/(\lambda T)$。可以用逐次逼近的方法解得

$$x = \frac{c_2}{\lambda_\mathrm{m}T} = 4.9651142 \tag{2-256}$$

由此得到维恩位移定律的最后表示式为

$$\lambda_\mathrm{m}T = b \tag{2-257}$$

式中，常数 $b = c_2/x = 2898.8 \pm 0.4\mu\mathrm{m} \cdot \mathrm{K}$。

维恩位移定律表明[152]，黑体光谱辐射出射度峰值对应的峰值波长 λ_m 与黑体的绝对温度 T 成反比。由维恩位移定律可以计算出：人体（$T = 310\mathrm{K}$）辐射的峰值波长约为 $9.4\mu\mathrm{m}$；太阳（看作 $T = 6000\mathrm{K}$ 的黑体）的峰值波长约为 $0.48\mu\mathrm{m}$。可见，太阳辐射的 50% 以上功率是在可见光区和紫外区，而人体辐射几乎全部在红外区。

2.3.4.2　黑体光谱辐射出射度的峰值

将维恩位移定律的值代入普朗克公式，可得到黑体光谱辐射出射度的峰值 $M_{\lambda_\mathrm{m}\mathrm{bb}}$

$$M_{\lambda_\mathrm{m}\mathrm{bb}} = \frac{c_1}{\lambda_\mathrm{m}^5} \cdot \frac{1}{\mathrm{e}^{c_2/(\lambda_\mathrm{m}T)} - 1} = \frac{c_1}{b^5} \cdot \frac{T^5}{\mathrm{e}^{c_2/b} - 1} = b_1 T^5 \tag{2-258}$$

式中，常数 $b_1 = 1.2862 \times 10^{-11} \mathrm{W/(m^2 \cdot K^5)}$。

式（2-258）表明，黑体的光谱辐射出射度峰值与绝对温度的五次方成正比。

2.3.4.3　光子辐射量的维恩位移定律

将用光子数表示的普朗克公式（2-236）对波长求导，并令其导数等于零，得

$$\frac{\mathrm{d}M_{p\lambda\mathrm{bb}}}{\mathrm{d}\lambda} = \frac{d}{\mathrm{d}\lambda}\left(\frac{c_1'}{\lambda^4} \cdot \frac{1}{\mathrm{e}^x - 1}\right) = 0 \tag{2-259}$$

由式（2-259）可得到

$$\left(1 - \frac{x}{4}\right)\mathrm{e}^x = 1 \tag{2-260}$$

式中，$x = c_2/(\lambda T)$。仍可以用逐步逼近的方法，得

$$x = 3.920690395 \tag{2-261}$$

所以，可得到黑体光谱光子辐射出射度峰值对应的峰值波长 λ'_m 与绝对温度 T 所满足的关系为

$$\lambda'_m T = b' \tag{2-262}$$

式中，$b' = 3669.73\mu m \cdot K$。

它与维恩位移定律式（2-256）具有相同的形式。所不同的是，两种情况下的常数 b 和 b' 的数值并不相等。它表明，光谱辐射出射度与光谱光子辐射出射度的峰值所对应的波长并不相同。一般来讲，光谱光子辐射出射度的峰值波长要比光谱辐射出射度长 25% 左右。

将式（2-262）代入式（2-259），则可得到黑体光谱光子辐射出射度的峰值为

$$M_{p\lambda bb} = \frac{c'_1}{(b'/T)^4} \cdot \frac{1}{e^{c_2/b'} - 1} = b'_1 T^4 \tag{2-263}$$

式中，常数 $b'_1 = 2.10098 \times 10^{11} [1/(s \cdot m^2 \cdot \mu m \cdot K^4)]$。

2.3.4.4　维恩位移定律的广义表达式

为得到某确定温度下，广义普朗克函数的峰值 R_{max} 所对应的峰值变量 x_{max}，可由广义普朗克函数式及 $R = A y^m/(e^x - 1)$ 出发，将 x 看作 y、T 的函数，将 R 对 y 求导数，并令其等于零，可以得到

$$\pm m \frac{1}{y} + \frac{x e^x}{e^x - 1}\left(\frac{1}{T} \cdot \frac{dT}{dy}\right) \mp \frac{1}{y} = 0 \tag{2-264}$$

因为是在等温情况下，则有

$$\frac{x e^x}{e^x - 1} = m \tag{2-265}$$

这就是维恩位移定律的广义表达式。由此得到峰值变量 x_{max}。将 x_{max} 代入广义普朗克函数，可以得到

$$R_{max} = C \cdot x_{max}^m \cdot \frac{T^m}{e_{max}^m - 1} \tag{2-266}$$

式中，C 为常数。令 $R'_{max} = x_{max}^m/(e_{max}^x - 1)$，则

$$R_{max} = R'_{max} \cdot C \cdot T^m \tag{2-267}$$

2.3.5　斯特藩-玻耳兹曼定律

此定律给出了黑体的全辐射出射度与温度的关系[153~155]。

2.3.5.1　斯特藩-玻耳兹曼定律的推导

利用普朗克公式（2-233），对波长从 0 到 ∞ 积分可得

$$M_{bb} = \int_0^\infty M_{\lambda bb} d\lambda = \int_0^\infty \frac{c_1}{\lambda^5} \cdot \frac{d\lambda}{e^{c_2/(\lambda T)} - 1} \tag{2-268}$$

利用 $\lambda = c_2/(xT)$ 及 $d\lambda = c_2 dx(Tx^2)$，把上式变量 λ 换为 x，有

$$M_{bb} = \int_\infty^0 \frac{c_1}{c_2/(xT)^5} \cdot \frac{-\frac{c_2 dx}{Tx^2}}{e^x - 1} = \frac{c_1}{c_2^4} T^4 \cdot \frac{\pi^4}{15} = \sigma T^4 \tag{2-269}$$

式中，$\sigma = c_1\pi^4/(15c_2^4) = (5.6697 \pm 0.0029) \times 10^{-8} \, W/(m^2 \cdot K)$。式（2-269）即为斯特藩-玻耳兹曼定律。

该定律表明，黑体的全辐射出射度与其温度的四次方成正比。因此，当温度有很小变化时，就会引起辐射出射度的很大变化。

2.3.5.2 用光子数表示的斯特藩-玻耳兹曼定律

将光潜光子辐射出射度表示式（2-233）对波长从 0 到 ∞ 积分，即可得到黑体的光子全辐射出射度。其推导方法与式（2-269）的推导方法相同。最后推得

$$M_{pbb} = \sigma' T^3 \tag{2-270}$$

式中，常数 $\sigma' = 2c'\pi^3/(c_2^3 \cdot 25.79436) = 1.52041 \times 10^{15} \, 1/(s \cdot m^2 \cdot K^3)$。

式（2-270）表明，黑体的光子辐射出射度与其绝对温度的三次方成正比。

3 巷道变形破坏地质力学模型实验

3.1 矿区工程概况

本次实验的工程地质背景位于中国东部江苏省徐州市的徐州矿区，该矿区主要进行地下煤田的开采工作。徐州矿区总面积达 2094km²，而含煤面积约占 361.3km²。旗山矿的旗山竖井是徐州矿区的主要生产矿井，也是本章研究的实际工程地质背景。结合旗山矿地质勘察资料可知，旗山竖井为多水平分区式上下山开采方式，一共有五个开采水平，目前−850m 标高水平是该矿井的主要采煤区域，并且开始向−1000m 标高水平扩展。

本章主要针对−1000m 标高水平的北翼轨道联络大巷进行研究，该巷道是旗山矿的主要开拓巷道。北翼轨道联络大巷设计长度约为 650m：−850m 联络轨道下山在南向与其相接，−850∼−1000m 北翼轨道下山在北向与其相连。巷道平面位置具体示意图如图 3-1 所示[156]。

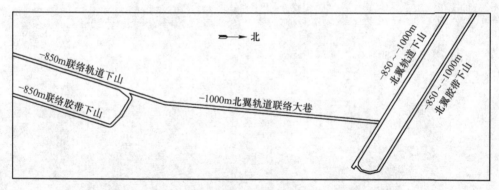

图 3-1　旗山−1000m 北翼轨道联络大巷平面位置示意图

根据巷道现场实测地质资料，巷道在开挖过程中穿越 1 号煤层三次，穿越 3 号煤层三次，并且穿越 4 号煤层两次，揭露的地层岩性主要是泥岩、砂质泥岩和砂岩。所处地质年代为上古生界，煤层颜色主要为黑色、半光亮，结构呈块状、粒状，煤层整体呈缓倾斜状分布。根据现场的破坏形式（见图 3-2）及工程地质资料，发现该矿区巷道围岩具有典型的工程软岩特征。

从巷道掘进过程中揭露的岩性可以看出，巷道围岩体主要包括三种工程岩体,分别为:煤岩组(包括 1 号煤、3 号煤和 4 号煤)、泥岩岩组(包括砂质泥岩和泥岩)和砂岩岩组(包括细砂岩和中砂岩)。巷道断面位于煤岩组中,局部落在泥岩岩组中,三类工程岩体的主要物理力学参数如表 3-1 所示。

表 3-1 工程岩体力学参数

岩组	密度/ g·cm⁻³	抗压强度 /MPa	抗拉强度 /MPa	弹性模量 /GPa	泊松比	内摩擦角 /(°)
砂岩岩组	2.66	63.98	5.83	25.77	0.151	33.71
泥岩岩组	2.58	43.78	5.59	21.01	0.127	36.35
煤岩岩组	1.35	26.15	0.90	4.51	0.358	40.07

目前开采深度已经从 850m 迅速增加到将近 1000m 的地面之下,并且将继续增加甚至超过 1000m。通过现场考察和调研可知,巷道在掘进过程中及开挖完成后一直有围岩大变形、支护结构破坏等严重的工程地质灾害,使得巷道围岩和支护结构变形破坏严重,难以满足工程需要。变形破坏情况主要表现为:(1)巷道两帮不对称收缩变形;(2)巷道底板处呈现出不同程度的底鼓现象,严重影响工程的安全使用;(3)巷道顶板应力集中严重,导致顶板下沉,锚喷混凝土层剥落、掉块并伴有冒顶现象。巷道围岩及支护结构破坏情况如图 3-2 所示。

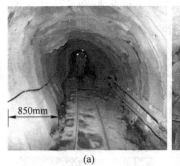 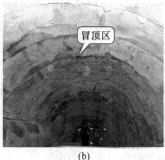 

图 3-2 巷道围岩及支护结构破坏情况
(a)巷道底鼓及两帮变形;(b)巷道冒顶(约 300m³);(c)顶部棚架支护破坏

3.2 地质力学模型实验系统

实验研究可以分为三类:一类是实物试验;一类是计算机模拟;还有一类是地质力学模型实验。岩石力学实验也是如此。实物试验[157]是采用真实物体或样品直接进行的试验,所以实物试验的结果比较真实可靠,但实物试验直接拿实物进行试验存在较大的危险性,并且会浪费大量的资金。而计算机模拟出现得较晚,关于岩土结构破坏过程的相关模拟理论还不完善,导致岩土方面的数值模拟软件不够成熟，所以实际研究中倾向于用地质力学模型进行大量的实验。虽然地质力学模型实验不是万能的，但是精心设计的实验可能会产生无法从数值模型中得到的重要结果。模型材料的合理选择及实验过程中岩体的实时响应，再加上外加荷载的设计，都可能对岩石的破坏模式和力学机制产生重要的影响。现场原型岩体的实际力学行为能通过地质力学模型实验达到更精确的表达。综合上述分析，地质力学模型试验既经济安全，又能满足模拟原型岩体实际行为的要求，所以采用地质力学模型实验对旗山矿工程岩体的力学行为进行探测。

结合上述工程概况，需要探索研究无支护深部地下巷道在超载作用下的力学行为问题，该巷道主要位于煤层中。为了解决上述问题，采用大尺度地质力学模型实验进行相关研究工作。本章利用深部软岩巷道破坏过程地质力学模型实验系统进行了一系列二维大尺度地质力学模型实验研究。深部软岩巷道破坏过程地质力学模型实验系统是 2003 年由何满潮教授完成总体设计的[156]；该系统是在总参三所设计的基础上把线性加载装置改成非线性加载装置，并能进行连续与非连续组合加载，同时还能根据工程岩体实际结构进行相应的模型制作。

地质力学模型实验系统主机结构如图 3-3（a）所示：是由四个荷载支撑梁用螺栓和螺母及连接板组成，六个均布压力加载器均匀布置在每个荷载支撑梁的内侧，在实验过程中可以对地质力学模型施加均布荷载。顶部和两帮的均布压力加载器可以实现每个压头单独控制，故顶部和两帮可以实现非线性加载。液压控制操作台是对地质力学模型施加荷载的控制及执行部分，如图 3-3（b）所示。数据采集装置是对地质力学模型实验过程的实验数据进行收集和记录的专用设备，如图 3-3（c）所示。本实验系统配套的数据采集装置是 DH3818 型静态应变测试仪，主要由微型计算机、相应的支持软件、数据采集箱及连接线组成。该装置能够采集到地质力学模型实验过程中多点的静态位移值和应变值，采集到的数据精确、可靠，并能自动快速地储存到计算机中。

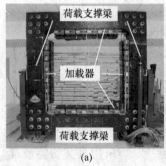
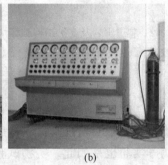
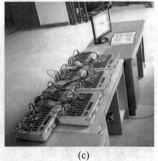

（a）　　　　　　　　　　（b）　　　　　　　　　　（c）

图 3-3　地质力学模型实验系统
（a）主机结构；（b）液压控制操作台；（c）数据采集箱

3.3 地质力学模型相似系数

利用相似材料进行地质力学模型实验，其结果的可信与可靠程度，主要取决于地质力学模型与原型之间的相似度；在长期的地质力学模型实验研究过程中，科学家们总结出了三条相似定律，从而使相似定律成为一切地质力学模型实验的理论基础[157]：

（1）相似第一定律（相似正定理）。同名相似准则一定相等的现象也称作彼此相似的现象，相似准则也称作相似参数或相似准数。

（2）相似第二定律（布金汉定理）。相似的现象中由相似准则所描述的函数关系对两个现象是相同的。

（3）相似第三定律（相似逆定理）。凡是单值条件相似，由单值量所组成的相似准则相等的同类现象必定彼此相似。

从上面相似定律的定义可以得知：相似正定理是相似准则存在的基础，而布金汉定理则为地质力学模型实验数据的整理及实验结果的实际应用提供了解决方案；相似逆定理中的单值量是影响现象的物理量，不能只用一个物理量表示的、对现象有影响的因素可以称为单值条件，单值条件主要包括边界条件、初始条件和几何条件等。地质力学模型实验和其他相似模型实验一样，都要满足上述三条相似定律。

3.3.1 量纲分析法

地质力学模型实验主要是依据上述三条相似定理展开的，在模型设计中如何求得相似参数是地质力学模型实验的重中之重。相似参数[157]是指物理现象密切相关的物理量组成的量纲一的量，又称为相似准则、相似准数、相似判据等。通常求相似参数的方法有量纲分析法、相似变换法及物理法则法。本次实验主要通过量纲分析法来确定模型实验的相似参数。量纲分析法又称作π定理，是计算模型实验相似参数中使用最多的一种方法。π定理的基本思路是从决定现象的物理量的量纲进行分析，将这些物理量分别组合求出量纲一的参数。

根据相似理论及尺寸分析，上述相似条件可以从力的平衡方程、几何学、胡克定律、边界条件等几个方面推导。设计时首先需要确定地质力学模型的相似系数。相似系数其实就是原型条件与模型条件的比值，并且相似系数必须是常数。决定现象的物理量包括：几何、应力、应变、位移、变形模量、泊松比、体积力、密度、摩擦系数、内聚力、抗压强度和边界应力 12 个原型参数，他们的相似常量定义为

$$C_L = L_p/L_m, \quad C_\sigma = \sigma_p/\sigma_m, \quad C_\varepsilon = \varepsilon_p/\varepsilon_m, \quad C_\delta = \delta_p/\delta_m \tag{3-1}$$

$$C_E = E_p/E_m, \quad C_\mu = \mu_p/\mu_m, \quad C_X = X_p/X_m, \quad C_\rho = \rho_p/\rho_m \tag{3-2}$$

$$C_f = f_p/f_m, \quad C_c = c_p/c_m, \quad C_R = R_p/R_m, \quad C_{\sigma^B} = \sigma_p^B/\sigma_m^B \tag{3-3}$$

式中，C_L、C_σ、C_ε、C_δ、C_E、C_μ、C_X、C_ρ、C_f、C_c、C_R 和 C_{σ^B} 分别为几何、应力、应变、位移、变形模量、泊松比、体积力、密度、摩擦系数、内聚力、抗压强度和边界应力的相似常量；符号 L、σ、ε、δ、E、μ、X、ρ、f、c、R 和 σ^B 分别为几何、应力、应变、位移、变形模量、泊松比、体积力、密度、摩擦系数、内聚力、抗压强度和边界应力的参数；下标 p 为原型对应的参数；下标 m 为地质力学模型对应的参数。

从上述 12 个决定现象的物理量中选取 C_L 作为重复变量，依次与其他物理量组成量纲一的组合，而 C_ε、C_f、C_μ 属于无量纲量，其自身为量纲一。然后用其余的物理量分别和重复变量一起构成相似参数，最后地质力学模型必须满足下列公式[158,159]：

$$\frac{C_\sigma}{C_\rho C_L} = 1 \tag{3-4}$$

$$\frac{C_\delta}{C_\varepsilon C_L} = 1 \tag{3-5}$$

$$\frac{C_\sigma}{C_\varepsilon C_L} = 1 \tag{3-6}$$

$$C_\varepsilon = C_f = C_\mu = 1 \tag{3-7}$$

假设几何的相似常量 C_L 已经确定，则其他相似常量就可以根据式（3-4）~式（3-7）推导获得。上述 4 个公式能够指导地质力学模型实验中的相似参数、制造模型的材料、物理力学性质、模型尺寸及比例、加载力的大小以及边界条件的选取。

在参数的选取中，还有其他与模型选择有关的重要控制因素，比如模型大小由实际加载框架的大小限制。在加载框架中，如果几何相似常量 C_L 非常大，那么允许开挖的硐室尺寸就很小，并且有关监测装置就很难安装，监测到的物理参数也不准确。相反，如果几何相似常量 C_L 非常小，那么硐室的尺寸和外加载框架将会增大，这将在地质力学模型实验研究中花费更多不必要的费用。综合上述因素，最终确定最优几何相似系数，应用模型与原型之间的相似定律，模型的物理力学参数就可以通过现场岩体的物理力学参数获得。

3.3.2　确定相似系数

一般而言，利用物理相似材料模拟采矿工程实际问题很难做到真实地再现实际工程情况，因为实践表明 12 个物理量的相似条件在实验室难以同时实现。本节主要研究地质力学模型在超载作用下的破坏过程，由于主要目的是探索模型巷道的变形破坏机理，故设计时以满足强度相似的要求为主。深部软岩巷道破坏过程地质力学模型实验系统模型最大尺寸为 1.6m×1.6m×0.4m，能开挖最大硐室尺寸为 0.6m。-1000m 北翼轨道联络大巷实际巷道断面宽度为 3m，根据围岩影响圈及实验系统客观条件，确定最优几何相似系数为 $C_L = 10$；由模型实验加载框架可施加的最大荷载限值和工程岩体力学参数确定应力相似系数 $C_\sigma = 8$；根据上述两个相似系数利用式（3-4）可以确定材料密度相似系数为 $C_\rho = 0.8$。综合考虑地质力学模型的岩层倾角和旗山矿实际地层分布情况，确定巷道断面为矩形断面，其尺寸为：25cm×20cm。

根据上述分析确定的应力及密度相似系数，推导出模型材料的主要物理力学参数应满足式（3-8）：

$$\sigma'_m = \sigma_p / C_\sigma, \quad \rho'_m = \rho_p / C_\rho \tag{3-8}$$

式中，σ'_m、ρ'_m 分别代表设计模型材料的强度和密度；σ_p、ρ_p 分别代表工程岩体材料的强度和密度。根据表 3-1 中的工程岩体力学参数以及式（3-8）确定设计模型的主要力学参数，如表 3-2 所示。

表 3-2 设计模型的主要力学参数

岩组	密度/g·cm⁻³	抗压强度/MPa	抗拉强度/MPa	弹性模量/GPa	泊松比
砂岩岩组	3.33	8.00	0.73	3.22	0.151
泥岩岩组	3.23	5.47	0.70	2.63	0.127
煤岩岩组	1.69	3.27	0.11	0.56	0.358

由于旗山矿北翼轨道联络大巷的围岩体主要是砂质泥岩、粉砂岩和砂岩三大类，根据围岩体的赋存特点，何满潮教授提出依据各类沉积岩层的容重和抗压强度等物理力学性质概化出各类沉积岩层的物理有限单元板（PFESA），即用泥岩单元、砂岩单元和煤岩层单元三种物理有限单元板来模拟上述三种工程岩体。各种岩性的单元板对应不同的厚度：砂岩单元厚为 3cm，泥岩单元厚为 2cm，煤层单元厚为 1cm。地质力学模型就可以通过这三种物理有限单元板的空间组合来构造。

经过市场分析与调研，确定使用石膏粉作为主要模型材料，石膏粉的主要成分是二水硫酸钙。这种材料化学性质稳定、无毒无害、可塑性强并且方便获得，已经广泛应用于地质力学模型实验的研究中，而且还可以通过调节石膏的水灰比来模拟不同强度的工程岩体，故本次实验用不同的水灰比来制作上述三种物理有限单元板。物理有限单元板构造如图 3-4 所示。在实验过程中共采用了 5 种不同尺寸的单元板，其尺寸和配比如表 3-3 所示。

图 3-4　物理有限单元板照片

表 3-3　物理有限单元板类型

尺寸/cm×cm×cm	40×40×3	40×40×2	40×40×1	40×20×3	40×20×2
模拟岩层	砂岩	泥岩	煤岩	砂岩	泥岩
水膏比	0.8：1	1：1	1.2：1	0.8：1	1：1

　　为获得物理有限单元板的基本力学参数，在制作物理有限单元板的同时也制作了一批与单元板对应的标准试件，用于材料基本力学性能实验。经过多次水膏比配比实验，最终确定三种水灰比分别对应三种工程岩组：砂岩 0.8：1，泥岩 1：1，煤岩 1.2：1。每种水灰比的标准试件分别进行单轴压缩实验、巴西劈裂实验以及不同围压水平下的标准三轴实验，从而获得代表不同岩组的物理有限单元板的抗压强度 UCS、泊松比 μ、弹性模量 E 以及抗拉强度 σ_t。实际制造的物理有限单元板的主要力学参数见表 3-4。

表 3-4　物理有限单元板主要力学参数

岩组	密度/g·cm^{-3}	抗压强度/MPa	抗拉强度/MPa	弹性模量/GPa	泊松比
砂岩岩组	1.04	7.58	1.12	3.75	0.13
泥岩岩组	0.97	4.50	0.83	2.28	0.25
煤岩岩组	0.85	3.54	0.36	0.81	0.32

　　由表 3-2 及表 3-4 可知，实际制造的物理有限单元板的主要力学参数与设计模型的主要力学参数存在一定的差异。经过分析发现，这些差异都在误差范围之内，故实际制造的物理有限单元板能够满足模型实验的要求。

3.4 地质力学模型

3.4.1 巷道模型设计

在构建地质力学模型的过程中要遵守以下原则[160]:

(1) 地质力学模型属于非连续介质与连续介质的复合体,因为从具体单元来看是均质连续的,但是从整体看地质力学模型是由若干不连续的单元板组合的,所以当模型内部应力在弹性极限范围内时,认为变形是弹性的;

(2) 地质力学模型主要模拟的是大型不连续构造,至于次要的裂隙、破碎带和节理等不连续结构,只在岩体性质中进行综合考虑;

(3) 模型设计时要按照最不利因素的原则进行考虑;

(4) 地质力学模型单元应能反映出原型的节理、裂隙及破碎带等结构多样性。

物理有限单元板在几何尺寸和物理力学性质方面都能满足模型实验的相似条件。通过物理有限单元板的层层铺设,能够构造出沉积岩体的构造面和次生破裂面(见图 3-5),即单元板与单元板之间能构造出次生节理面,同一类型单元板的层与层之间构造出节理弱面,不同岩性的单元板之间构造出层理面。层理面和节理弱面是模型中的主要不连续构造。物理有限单元板法能还原地下空间的真实结构,还能模拟地层的角度。按照工程现场实际沉积岩体各层的岩性及厚度概化

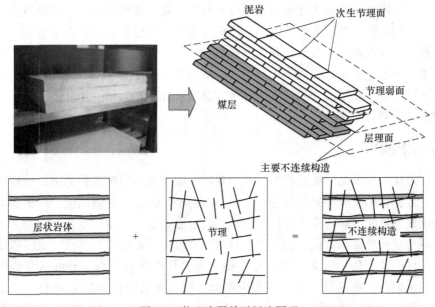

图 3-5 物理有限单元板法原理

出相应的模型地层厚度，各地层厚度和岩性见表 3-5。把代表实际岩层的三种物理有限单元板按照模拟地层的厚度进行空间组合，从而实现在实验室构建地质力学模型巷道。

表 3-5　地质力学模型的材料及结构参数

地质剖面	地层序号	岩性	岩层厚度/mm
	1	砂岩	440
	2	煤层	140
	3	泥岩	120
	4	煤层	250
	5	泥岩	150
	6	煤层	60
	7	泥岩	140
	8	煤层	60
	9	泥岩	240

　　地质力学模型在完成破坏实验后，可以回收没有破坏的物理有限单元板组合成新的实验模型，从而实现单元板的重复利用。通过这种方式就能克服地质力学模型实验周期长、花销大的缺点，从而提高地质力学模型实验的工作效率。

　　根据物理有限单元板原理和旗山矿地质资料中各岩层的分布情况，通过物理有限单元板的空间组合，最终构造出的地质力学模型示意图如图 3-6 所示。巷道开挖区位于整个模型的中间位置，其尺寸是 250mm×200mm，并且巷道主要开挖区域位于煤岩岩层。

3.4.2　应变监测

　　在地质力学模型实验过程中，模型巷道四周物理有限单元板的破坏过程比较缓慢，因此在本实验中采用江苏东华的 DH3818 型静态应变测试仪，但是当破坏过程比较剧烈时，静态应变测试仪就难以满足测量要求。

　　在应变片的选择方面：为了满足与物理有限单元板的充分结合，最终确定使用纸基底的应变片；纸基底应变片主要采用多孔性并且不含油脂的纸张作为原料，材质柔软、易粘贴，并且极限应变大，在地质力学模型实验测量中应用广泛[161~167]；物理有限单元板可认为是均质材料，小尺寸纸基应变片就能满足实验测量要求。

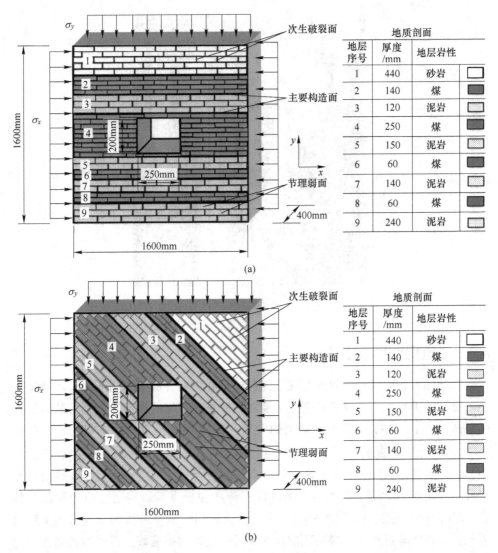

图 3-6 地质力学模型示意图

(a) 水平岩层地质力学模型示意图；(b) 45°倾斜岩层地质力学模型示意图

为获得实验过程中随着开挖及加载破坏地质力学模型巷道围岩的应变场，地质力学模型中布置了多个测点。每个测点能够获得主应变随着实验进程的变化数据，从而能够绘制应变随时间变化的曲线。根据应变测量数据和物理有限单元板的基本力学参数，可计算出各个测点的主应力场。根据地质力学模型制作和实验分析需求，在靠近巷道开挖区应变片布置比较密集，而远离巷道开挖区应变片布置相对稀疏，布置原则以满足实验需求为主。应变片布置模型照片如图 3-7 所示。

图 3-7　应变片布置模型照片

3.5　巷道模型加载路径

　　二维加载方案设计的目的是探索深部模型巷道在外荷载作用下的变形破坏机制。设计的垂直应力主要模拟巷道上覆岩层的重量产生的压力，垂直荷载由公式 $\sigma_y = \gamma h$ 计算，其中，γ 为上覆岩层的平均容重（根据工程地质资料，$\gamma = 27\text{kN}/\text{m}^3$），$h$ 为低于地表面以下的深度。设计的水平应力按照公式 $\sigma_x = \lambda \sigma_y$ 计算，其中，λ 为侧压力系数。用垂直荷载和水平荷载组合描述地质力学模型巷道的加载过程。在地质力学模型的边界施加的水平荷载和垂直荷载是通过应力相似系数 C_σ 按相似比例确定的。图 3-3（a）中的主机结构显示了地质力学模型的实际边界条件。在实验过程中，模型顶部和两边同时施加均布荷载，模型的底部被固定在加载框架的底部横梁上，所以视为刚性边界条件。

　　在水平岩层地质力学模型的实验过程中，通过加载框架在模型边界的顶部和两侧均匀施加垂直应力 σ_y 和水平应力 σ_x。图 3-8 显示了由两个阶段组成的加载路径：静水载荷阶段 A 和非静水载荷阶段 B。静水载荷阶段：垂直应力和水平应力在相同的幅度下从 0 缓慢增加到 0.8MPa，保持荷载 25min；然后，两个应力继续增加到 1.4MPa 后保持荷载一段时间。在该阶段，物理有限单元板层理之间的缝隙闭合。非静水载荷阶段：垂直应力从 1.4MPa 增加到 5MPa 的过程中，水平应力一直保持 1.4MPa 不变；然后，随着垂直应力增加到最大荷载 6MPa，这时水平应力才开始增加，最终水平应力增加到 4MPa。表 3-6 则描述了应力等级及

相应侧压系数 λ 的变化。侧压力系数 $\lambda = \sigma_x/\sigma_y$，$\lambda$ 越小，表示应力状态越不平衡。

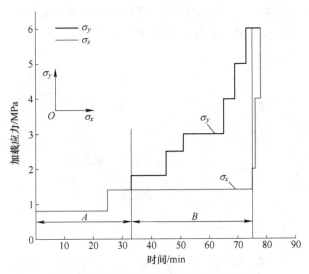

图 3-8　水平岩层地质力学模型加载路径

表 3-6　水平岩层模型应力水平

应力等级	施加应力/MPa		侧压力系数 λ ($\lambda = \sigma_x/\sigma_y$)	实际应力/MPa	
	垂直应力 σ_y	水平应力 σ_x		垂直应力 σ_y	水平应力 σ_x
A1	0.8	0.8	1	6.4	6.4
A2	0.8	0.8	1	6.4	6.4
A3	0.8	0.8	1	6.4	6.4
A4	1.4	1.4	1	11.2	11.2
A5	1.4	1.4	1	11.2	11.2
B1	1.8	1.4	0.78	14.4	11.2
B2	2.5	1.4	0.56	20.0	11.2
B3	3.0	1.4	0.47	24.0	11.2
B4	4.0	1.4	0.35	32.0	11.2
B5	5.0	1.4	0.28	40.0	11.2
B6	6	2	0.33	48.0	16.0
B7	6	4	0.67	48.0	32.0

从图 3-9 可以看出 45°倾斜岩层地质力学模型的整个加载路径，各级应力状态分别由大写字母 A~N 表示：水平应力与垂直应力一直稳步增加，但是垂直应力的增加速率比水平应力的增加速率大，一直到第 N 级加载阶段时，垂直应力才与水平应力相同，即侧压力系数从 3.5 逐步变化到 1。从表 3-7 中可以看出施加

在 45°倾斜岩层地质力学模型顶部和两个侧边边界的水平应力 σ_x 和垂直应力 σ_y。45°倾斜岩层加载路径设计的目的是实现高地应力场的模拟及其对 45°倾斜岩层嵌入式巷道稳定性的影响。在实验过程中，模拟现场应力逐步增加到真实的现场应力情况，模拟应力是实际岩体在地表面以下的应力状态。

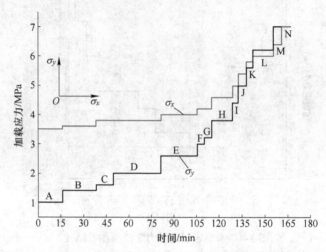

图 3-9　45°倾斜岩层地质力学模型加载路径

表 3-7　45°倾斜岩层模型应力水平

应力等级	施加应力/MPa		侧压力系数 λ ($\lambda = \sigma_x / \sigma_y$)	实际应力/MPa	
	垂直应力 σ_y	水平应力 σ_x		垂直应力 σ_y	水平应力 σ_x
A	1	3.5	3.5	8	28
B	1.4	3.6	2.57	11.2	28.8
C	1.6	3.8	2.38	12.8	30.4
D	2	3.8	1.9	16	30.4
E	2.6	4.0	1.54	20.8	32
F	3	4.2	1.4	24	33.6
G	3.2	4.2	1.31	25.6	33.6
H	3.8	4.6	1.21	30.4	36.8
I	4.4	5	1.14	35.2	40
J	5	5.4	1.08	40	43.2
K	5.6	5.8	1.04	44.8	46.4
L	6.2	6	0.97	49.6	48
M	7	6.4	0.91	56	51.2
N	7	7	1	56	56

3.6 红外热成像仪

3.6.1 红外热成像仪的测温原理

对一般物体的辐射温度进行测量时，首先要确定该物体的发射率 ε 和辐射出射度 M，然后再根据斯特藩-玻耳兹曼定律就能算出物体的辐射温度。上面的描述就是根据斯特藩-玻耳兹曼定律进行红外辐射测温的简要过程，根据上述过程制造的测温仪器就称作红外辐射测温仪。红外热成像技术[168]主要探测的是物体表面各部分辐射的红外线，并利用物体表面各部分红外线辐射的差异转换成不同温度分布的红外图像，并从红外图像的温度差异来获得物体辐射的细节。

红外热成像仪[169]是一种以信号转换为核心的仪器，其输出的热辐射图像信号是物体发生的红外辐射经过红外热成像仪采集转换后的结果。红外热成像仪也是一种探测空间红外辐射分布的装置，探测到的是探测器针对的红外波段内红外辐射能的平均值。实际上，利用红外热成像仪并不能直接测量物体的温度，而是测量投射到红外热成像仪探测器上的红外辐射能，然后利用温度与辐射能之间的函数关系确定温度，所以红外热成像仪探测到的温度实际上是辐射温度。

实际上，红外热成像仪探测到的辐射不仅包含来自目标的辐射，还包含大气辐射和环境背景的反射辐射[170]。所以在探测到的辐射能转换为温度之前，其他非目标辐射能需要经过红外热成像仪补偿，经过补偿后的温度才是物体的实际温度。红外热成像仪在测量时，应该考虑到所有非目标辐射能量的补偿，包括物体的发射率、探测距离、大气温度、相对环境湿度以及物体的周围环境的温度（背景温度）等。所以，要利用红外热成像仪准确测量物体的真实温度是非常复杂的，但在多数研究中，并不需要知道物体的真实温度，只需要知道辐射温度就可以了。然后，通过物体不同部位的辐射强度，达到探测物体真实状态的目的。

岩体在发生失稳破坏的过程中伴随着岩体内部的损伤断裂，并通过力热耦合效应产生能量耗散。在这个过程中往往会引起岩石的节理、弱面破坏，微观上讲就是晶格的断裂破坏，晶格的破坏会引起分子内部的电子产生能级跃迁进而产生电磁辐射。岩体的失稳破坏究其本质原因是晶格破坏、晶键断裂产生的微裂隙汇聚成核，扩展成宏观裂纹。红外热成像技术能够对岩体在受力过程中的红外辐射变化进行定性、定量的表征，故本章中使用红外热成像仪探测沉积岩体巷道物理模型实验破坏的全过程。

在实验过程中，要考虑到影响物体与红外热成像仪之间相互作用的各种因素，如大气的吸收、太阳的辐射、探测器与目标的距离和角度、背景的反射，以及其他辐射源的干扰等，实验过程中要努力减少、消除或减弱这些因素的影响，在此基础上，才能更客观地分析实验过程中的红外辐射现象并总结实验规律。

3.6.2　TVS-8100MKⅡ红外热成像仪

红外热成像仪工作环境的温度波动会对获得的红外图像产生显著的影响。由于实验过程中不可避免的室温波动会导致原始红外图像包含噪声。为了防止上述室温波动带来的影响，红外热成像仪实验过程中应采取以下措施。

（1）在进行实验24h之前将所有探测仪器放入实验室并安装调试，使探测目标、探测仪器和周围环境温度保持一致，以确保红外热成像仪测得的温度更接近探测目标的实际温度。

（2）实验应安排在春季或者秋季的晚上，并且避开大风和降雨天气。这样的安排原因如下：春季或者秋季时室内不用开空调或者暖气，并且室内室外温差不太大，不会形成强对流；夜间进行实验时大气或者背景辐射的影响会很小。

（3）在实验过程中，为了降低干扰，禁止实验室人员不必要的走动；探测目标的背景及实验室的窗口都要覆盖上黑色窗帘，防止背景辐射影响成像区域。

（4）图像处理技术也可以用来降低室内温度的影响，滤波降噪技术将在第4章4.4节进行介绍。

本实验在中国矿业大学（北京）深部岩土力学与地下工程国家重点实验室深部软岩巷道结构效应实验分室进行。红外探测过程中使用的是TVS-8100MKⅡ型红外热成像仪，该设备主要由红外热成像仪、图像采集箱、数据传输电缆和三角架等部分组成，如图3-10所示。本设备能够探测多种原因引起的物体表面温度场的分布变化，并生成特定格式的红外图像文件。主要技术性能为：最大探测距离为20m，测量波段为$3.6\sim4.6\mu m$，最大量程测温精度为±0.4%，测温范围为$-40\sim300℃$，最小探测温差为0.025℃，实时热成像分辨率是320像素×240像素，探测视角为13.6°×18.2°。

在实验开始前一天就需要把所有与实验有关的探测仪器放入实验室并安装调试好，使探试仪器、物理模型与实验室环境温度保持一致，以确保红外热成像仪测得的温度是由于物理有限单元板的损伤与断裂而产生的温度增量。在测试之前，红外摄像机需要初始化并且设置发射率、反射温度、环境温度及相对湿度等参数。在实验过程中，模拟实验中模型岩体的发射率设置为0.92，图像采集频率设置为每四秒一帧。原始红外图像可作为120像素×160像素的数字图像储存在计算机中，以便进行离线处理。在物理模型实验进行过程中，红外照相机被固定在三脚架上，然后放置在距离物理模型1333mm的正前方，因此可以探测到$400\times367mm^2$的成像区域，即图3-11中物理模型表面用红色绝缘胶带圈出的较大的矩形区域。在红外摄像机工作的同时，分辨率为1024像素×1024像素的摄像机也放置在物理模型前面，用来记录模拟巷道的变形破坏过程，如图3-11所示。

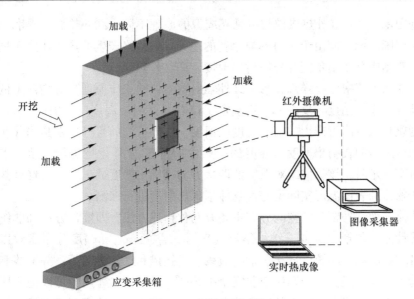

图 3-10 红外探测系统

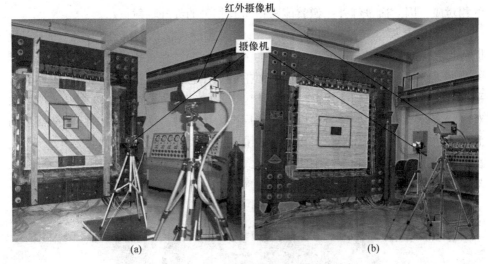

图 3-11 红外摄像机的测试位置

（a）45°倾斜岩层物理模型；（b）水平岩层物理模型

3.7 红外热成像技术的优势

红外热成像仪器是一种把不可见的红外线辐射转化成可见图像的应用装置。该装置实际上也属于二维平面成像系统，主要利用红外探测器通过光学系统把红外辐射能量聚集，然后转换为电子信号，经过电子学处理后，最终形成被测目标的红外图像[171]。红外热成像与可见光成像的原理不同，红外热成像是利用探测目标与周围环境之间由于发射率与温度的差异导致最终产生的热对比度不同，从而在分布图中显示出不同红外辐射出射度，即红外热像。

在 3.6.1 节中已经详细介绍了红外辐射测温仪的工作原理。对物体上的某一点，其发射率、温度与反射率最终确定了该点的"有效温度"。物体某一点的有效温度就是该点附近产生的辐射亮度的温度。红外探测的目标通常是当作灰体来处理的，灰体的辐射出射度与温度的关系由斯特藩-玻耳兹曼定律表示，当物体的发射率一定时，该物体绝对温度的四次方与其辐出射度成正比。用红外热成像仪探测物体的表面温度实际上是对物体辐射出射度进行探测。

物体表面红外辐射的空间分布主要有两种描述方法，即统计方法和非统计方法。统计方法包括一维或二维维纳谱（Wiener spectrum）、幅度分布函数以及相应的自相关函数；非统计方法包括等值线、线扫描和红外热图等；等值线和红外热图属于完全描述，其余则属于非完全描述[172]。因为红外热图可以把将所有影响因素转换成直观可见的红外温度分布图，这样就能轻易地观测感兴趣目标的辐射温度分布情况。每一目标点的红外辐射出射度都与红外图像上相应点的明亮程度相对应，因此通过红外图像就能获得所有相关的红外辐射信息。

图 3-12 是模型开挖初期，瞬态冲击载荷对围岩损伤的红外图像。图中白色框线为巷道开挖区，开挖区中心的温度突变代表冲凿点。巷道开挖是在物理模型的背面进行，红外热成像仪在模型前面拍摄。在巷道开挖初期，模型的表面非常平整。必须通过凿子的强烈冲击使岩体出现点状破坏后再进行挖掘作业，所以会对点状岩石产生很大的冲击作用，点状周围岩体却没有受到冲击。此时从模型前面观测岩体却没有任何变化，因此无论是可见光照相、应变检测还是人工观察，在模型的正面均看不到有任何异常现象。然而，红外热成像仪拍摄的红外图像，却能够清楚地表达物理模型所受到的损伤。

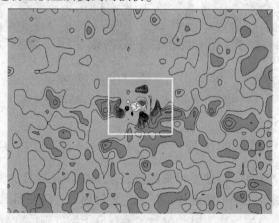

图 3-12　模型开挖时的红外图像

从上述分析可知，红外图像记录的红外辐射温度分布中有多种影响因素，其中有比较主要的大影响因素，也有相对次要的小影响因素。我们需要辨别、分解并掌握这些因素的影响方式。明白了上述因素的影响特点，就能完全掌握被测物体的相关信息。但是，由于红外探测技术的限制，以及红外热成像仪拍摄过程中各种噪声的影响，只根据红外图像中的信息并不能对探测目标进行准确的定量描述，因此需要对红外图像进行一系列处理，以获取岩石响应的准确信息。有时候还需要结合其他手段进行信息之间的量化对比和互补，来进行更深入的理解与分析。

4 红外图像处理

4.1 红外图像的特点

相对于目前存在的各种流通图像（如 JPEG，BMP，TIFF，PCX，TGA 等），红外图像一般都有如下特点：

（1）分辨率较低。一般 H（水平）向和 V（垂直）向都只有几十到上百个像素，本书中的红外图像为 H×V = 160 像素×120 像素，随机附带的软件对红外图像的数据进行了插值，可显示为 H×V = 320 像素×240 像素。

（2）对比度较差。由于物体表面的温差值较小，加之在测试时所选的温度显示区也各不相同，所以在色彩标示上，为了图像的可视性要求，采用了统一的较强过渡色彩显示形式，层次性不好。

（3）图像边缘模糊。红外探测器的像元数目少，图像的分辨率较低是原因之一。另一个原因是红外热像仪的光学镜头的聚焦和变焦效果不是很好。

（4）图像格式不通用。通常红外图像的图像格式是由生产红外热像仪的商家制定的，它通常是为仪器"量身定做"的，与图像的采集、传输、显示及软件处理有密切关系。同时，也与红外图像的应用范围较小有关，因此，红外图像的图像格式几乎没有统一的或通用的格式。

4.2 红外图像的格式

实验中所使用的红外热像仪，是目前比较先进的红外热像仪之一，型号为 TVS-8000MKⅡ。用这种红外热像仪得到的红外图像，是一种较为特殊的图像，其格式不同于现行的流行图像格式。每幅图像的大小固定为 38912 字节（bytes），分为两个信息区，即温度数据区和视频信息区。温度数据区记录着目标与背景的红外辐射温度数据；视频信息区记录着测试过程的参数设置和图像采集模式等数据信息。红外图像格式如图 4-1 所示。

图 4-2 中，温度数据以 16 位数据结构存储，即在 16 位数据中，高端的 12 位是温度数据，可以用特定的公式转换为 10 进位的摄氏温度形式表示出来。

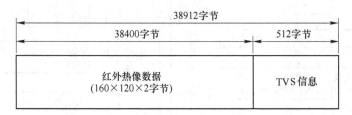

图 4-1 红外图像格式示意图

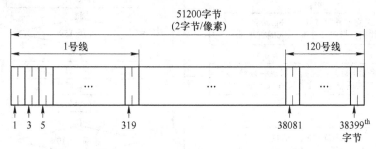

图 4-2 温度数据区数据存储形式示意图

4.3 红外图像的色彩处理

无论使用什么样的图像处理方法，最好是把非通用的图像格式转化为通用的文件格式，这样才能根据图像的特点采取相应的处理措施。首先，将红外热像仪采集的图像格式（文件名.800）转换成通用的数据文本文件格式（文件名.txt），再做其他处理。

4.3.1 红外图像文件格式的转换

根据 4.2 节所述的特殊文件格式，本章用 C 语言编制了红外图像格式转换程序，程序的框图如图 4-3 所示。

4.3.2 红外图像中等温区的划分

将红外图像文件转换为文本文件后，可以通过特定的公式将其中的数据转换为十进位的摄氏温度，再将温度数据按不同的阈值（温度分辨率）划分开，并赋以不同的色彩，以图形的方式显示出画面。本章用 Visual Basic 语言编制等温区划分程序，程序的框图如图 4-4 所示。

用等温区划分程序显示的等温区图形，在表观上不如红外图像美观，但它能清晰地反映出温度变化的层次，并且没有任何人为的数据改变和修饰，真实性

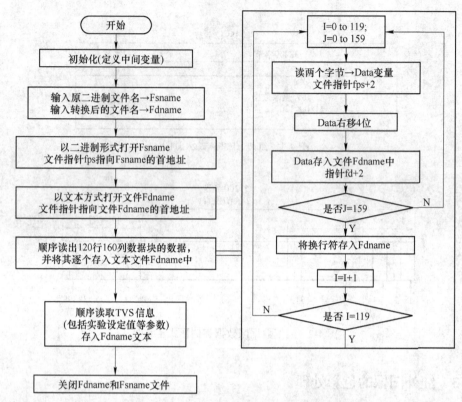

图 4-3　红外图像文件格式转换为文本格式流程图

强，可以给研究者以全真的温度变化分布，与试件上相应的位置对应关系好，便于进行分析和计算。而红外图像给人的是一种定性的表观印象，层次感不强，其放大图形多采用插值算法，人为地加进了数据修饰，追求商业化图形的美观，不适合用作细致的分析和计算。为了更直观地说明红外图像和处理后的等温区分布图，图 4-5 给出了鲜明的对比。

从未处理的红外图像（图 4-5（a））来看，温度的分布大致只有三层，即蓝色、浅绿色和绿色，且边界模糊；而从处理后的等温区分布图（图 4-5（b））来看，温度分布可分为七层，并显示出明显的边界，等温区在图中的坐标位置对应也较好。

4.3.3　图像处理过程中外因影响的消除

在红外图像的采集过程中，会有多种因素影响到目标的红外辐射温度变化，例如，周围的红外辐射体、光线、环境温度、湿度等。这些因素作用于被测物体上，与物体实际受力产生形变导致的红外辐射温度变化混杂在一起，无疑将产生

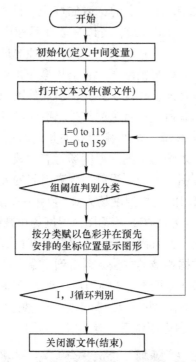

图 4-4　红外辐射等温区划分流程图

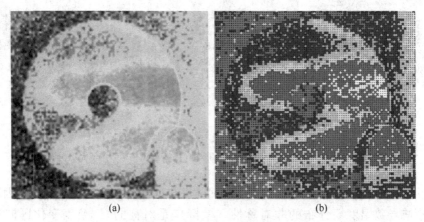

图 4-5　未处理的红外图像与处理后的红外等温区图效果比较
（a）未处理的红外图像；（b）处理过的红外图像

影响，有时影响还很大，并且显得非常复杂，不易消除和控制。如何消除这些因素的影响，显然是首要任务。

在这些外界因素中，有些是变化的，诸如人体等活动的辐射体，称之为"动态因素"；有些是不变的或变化微小的，诸如灯光、仪器等静止稳定的辐射体，称之为"静态因素"。对于动态因素，可以采取在目标区周围设置遮蔽物的措施来加以控制；对于静态因素，本章在对红外图像处理的过程中，采用了一种简单且非常有效的处理方法，较好地消除了"静态因素"的影响。

在介绍这种处理方法之前，再次关注一下对红外图像关心什么。事实上，我们对红外图像所关心的是载荷变化带来的红外辐射温度场的变化，也就是某一位置的温度是上升还是下降。每一幅图像记录的是瞬时的温度场，而不是温度变化，要得到温度场变化，须将两幅图的温度场对应相减。而静态因素引起的温度干扰，是始终加在每一幅图像上的。设静态因素引起的温度场为 A，第一幅图的目标温度场为 B，第二幅图的目标温度场为 C，则第一幅图的实测温度场应为 A+B，第二幅图的实测温度场为 A+C，两幅图像温度场相减得到 C−B。C−B 正是我们所关心的温度场的变化，并且静态影响因素的温度场 A 消除了。

本章就是利用图像数据相减的方法，既得到了温度场的变化，又消除了静态因素的影响。处理的效果非常明显，3 幅图像给出了单轴加压圆盘红外图像的处理结果。图 4-6（a）是一幅红外图像，图 4-6（b）是上述红外图像对应的等温区分布图，图 4-6（c）是图像相减后的等温区分布图。

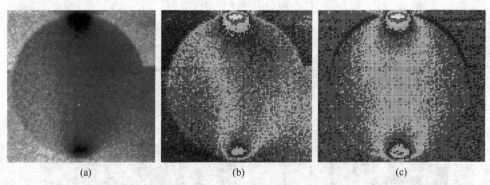

(a)　　　　　　　　　　(b)　　　　　　　　　　(c)

图 4-6　原始红外图像与图像处理效果对比

（a）单轴加压红外图像；（b）等温区分布图；（c）图像相减后的等温区分布图

从图 4-6（a）中可以看出，静态辐射体来自试件的右侧和下侧，静态因素造成的影响导致温度场分布的非对称性（实际应是对称的），温度变化区向右偏离。经过图像相减处理后，如图 4-6（b）所示，图形不但显示出了较强的对称性，而且试件周围温度场的不均匀性也得到了明显的改观。

4.3.4　图像处理中色彩的应用

在图像处理过程中，不可避免地要对图像的色彩加以关注，因为色彩直接表征着一幅图像的可视性与可读性。事实上，红外线对于人的眼睛是不可见的，所以它实际上并不存在色彩。对于红外图像，一般都是人为地为其添加"伪彩"，使其具有良好的可视性。伪彩的添加，一般根据图像的特性来做处理。本书中要求在图像中显示出温度变化的范围（即升温最高值和降温最低值），并且要根据温度分辨率的不同，清晰地表现出等温区的层次。

用 MK8100-Ⅱ型高精度红外热像仪采集的红外图像，其伪彩的添加追求图像色彩柔和、平滑，颜色渐变性强，有时图像能呈现立体感，它所表示的温度变化区域通常给出定性的、大致的位置（如图 4-6（a）所示）。这样的伪彩显示，不能给出定量的、准确的位置，不满足根据图像进行分析和计算的要求。为此，本章对伪彩的处理，应用了新的伪彩形式。

本章根据图像显示的特性要求，采用了两种色彩排列方式来表现等温区的分布和层次，一种是用 16 色模式显示，最多显示 16 个等温区，主要用于显示温度分辨率较小或温度变化较小的等温区分布，特点是层次特别分明，易于辨认，如图 4-6（b）和图 4-6（c）所示；另一种是用 RGB（红绿蓝）三色配比模式，分成蓝、绿、青、红、洋红、黄和白等七大颜色，每色又分成四个过渡层，等温区由低到高的显示按照从冷色到暖色的顺序排列，共可表示 28 个等温区，主要用于显示温差大且温度分辨率较高的等温区分布图，特点是色彩兼具渐变性和层次性，可视性强，没有紊乱的感觉，可给人较为直观的温度变化趋势，如图 4-7 所示。图 4-8（a）和图 4-8（b）分别是 16 色显示模式和 RGB（红绿蓝）显示模式的色彩排列图。

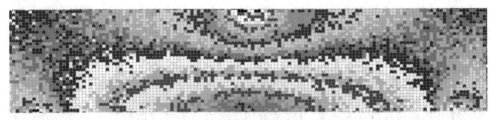

图 4-7　用 RGB（红绿蓝）三色配比模式显示的三点弯曲梁等温区分布图

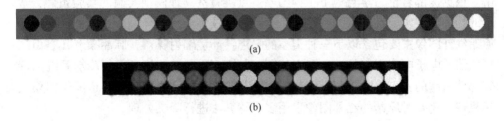

(a)

(b)

图 4-8　等温区分布图的两种模式色彩排列示意图

(a) 16 色显示模式；(b) RGB（红绿蓝）显示模式

4.4　红外图像的技术处理

红外热成像技术已经成功用来探测大尺度地质模型巷道损伤破坏过程，与探测小尺寸样品相比，红外热成像仪在探测大尺度地质模型巷道时遇到的主要问题是原始图像的低信噪比（low signal to noise ratio，LSNR）。低信噪比是每个像素的成像区域定义了较低的空间分辨率。低信噪比和低对比度（low-contrast）是红外图像分析与应用的主要缺陷[173]。而红外热成像技术在岩石力学领域内探测小尺度样品已经取得了很多成果[174]，红外摄像机探测的物体越大，需要的空间分辨率和对比度也越大。红外摄像机在被动模式下（没有额外热源）监测大尺度物体时采集到的红外图像质量更差[175]，因此降噪可能是红外图像分析的主要任务，即要对红外图像进行精确的分析说明，就需要对其进行一系列降噪和增强处理。宫宇新等[176]以水射流的红外图像作为研究对象，提出了低信噪比红外图像的多步骤降噪方法。张东胜等[177]把特殊的红外图像文件转换为简明的温度文件，从而获得了红外图像温度场具体分布的数据，并用阈值设定伪彩色的处理方法实现了红外图像的灵活分割。作者[178]也采用多步骤降噪方法来处理低信噪比红外图像，并从降噪后的红外图像中探测到煤岩损伤的发生和整体破坏的全过程。

由于地质力学模型实验过程中采集到的红外图像具有低信噪比和低对比度等缺点，需要对红外图像进行降噪处理和图像增强处理，以获得岩体响应变化的准确信息，因此本节简要介绍几种红外图像数据处理分析方法，并探索新的红外图像增强算法，以方便考察大尺度地质力学模型实验红外图像表征的岩体变形破坏力学机制。

4.4.1　图像降噪

红外热成像仪在拍摄过程中容易被环境辐射及测试仪器的电子元件或旋转部件的噪声干扰[179]，这些噪声会变成红外异常信号，从而误导对红外图像的理解。根据深部岩土力学与地下工程国家重点实验室物理模型实验的实验条件，本章的物理模型实验红外探测是在一个开敞、有较多干扰的环境中进行的。获得的原始红外图像主要包含以下三种类型的噪声：环境辐射噪声；脉冲噪声（是由测试仪器的电子电流引起的）；周期性添加噪声（是由红外热成像仪冷却系统的旋转部件引起的）。为了准确理解红外图像从而正确揭示物理模型巷道围岩损伤破坏机理，需要对原始的红外图像采用多步骤算法进行降噪处理。

红外图像的信息实际上记录在一个二维函数 $f(x, y)$ 里。二维函数中 x、y 是表示像素数的像素坐标；f 是任意一点像素坐标 (x, y) 处的幅值，也称作像素坐标 (x, y) 处的灰度或亮度。

4.4.1.1 去除环境噪声

为了去除环境噪声的辐射干扰，可以采用图像折减滤波方式。图像折减滤波的公式为

$$f_{ke}(x, y) = f_k(x, y) - f_0(x, y) \tag{4-1}$$

式中，下标 k 是用于红外图像序列的帧索引（即代表红外图像的第几帧），并且必须取整数（$k = 0, 1, 2, \cdots$）；下标 e 表示图像经过折减滤波；$f_0(x, y)$ 是物理模型在初始状态下获得图像序列中的第一帧图像矩阵；x 和 y 是用来表示像素数的像素坐标（$x = 1, 2, \cdots, M = 160$；$y = 1, 2, \cdots, N = 120$；$M$ 和 N 分别是 x 和 y 的最大坐标值）；相应的 $f_k(x, y)$ 是图像序列中的第 k 帧图像矩阵。$f_0(x, y)$ 实际上是环境辐射引起的温度场，从后面的图像序列中减去第一帧就能够去除环境辐射噪声。值得注意的是，红外图像包含的有用信息是岩石变形后的温度增量场，该温度增量场也可以通过式（4-1）中的减法运算获得。

4.4.1.2 抑制脉冲噪声

脉冲噪声是红外图像中比较常见的噪声，以个别的白色斑点在红外图像中显现。脉冲噪声的存在会使图像的动态范围降低，增加下一步图像特征提取的难度，所以需要先去除红外图像中的脉冲噪声。而中值滤波器是处理脉冲噪声的常用方法。中值滤波器是统计滤波器的一种，属于非线性的数字滤波技术，是对图像滤波器所包围的图像区域中的像素进行排序，然后把中心像素的值替换成上述排序结果决定的值。

中值滤波器降噪的原理为：对于给定的 n 个数值 $\{A_1, A_2, \cdots, A_n\}$，将它们按从大到小的顺序排列。当 n 为偶数时，位于数列中间位置的两个数值的平均值称为这 n 个数值的中值；当 n 为奇数时，位于数列中间位置的数值称为这 n 个数值的中值。记作：

$$median[A_1, A_2, \cdots, A_n] \tag{4-2}$$

给定的 S_{xy} 代表结构元素（即掩模）是点 (x, y) 的中心，它实际上是一个 $M \times N$ 维矩阵；$g(x, y)$ 代表经过滤波后的图像；$\hat{g}(x, y)$ 代表含噪声图像。然后，经过中值滤波器的中值运算，用相邻区域的中值像素代替点 (x, y) 处的像素。中值滤波器由下式给出：

$$g(x, y) = \underset{(s, t) \in S_{xy}}{median} \{\hat{g}(s, t)\} \tag{4-3}$$

4.4.1.3 去除周期性噪声

中值滤波处理红外图像后，只去除了红外图像中的脉冲噪声。而红外图像质量下降的另一个原因是红外摄像机内置的冷却系统和红外传感器产生周期性噪声。为了去除周期性噪声，可以采用频域滤波如巴特沃兹或者高斯低通/高通滤波器。频域滤波的原理是通过改变图像中不同频率的成分实现去除噪声的。频域

滤波的主要步骤如下：（1）计算需要进行滤波的红外图像的傅里叶变换；（2）将图像的傅里叶变换与滤波器函数相乘；（3）将此乘积进行傅里叶逆变换就得到滤波后的图像。根据以往的实际应用，高斯高通滤波器（Gaussian high pass filter，GHPF）被证明能够更有效地去除周期性噪声。含周期性添加噪声的图像可以用下面的模型表示，如式（4-4）所示：

$$g(x, y) = f(x, y) + \eta(x, y) \tag{4-4}$$

式中，$f(x, y)$ 为干净的图像；$\eta(x, y)$ 为周期性添加噪声。式（4-4）也满足二维离散傅里叶变换（discrete Fourier transform，DFT）的计算，表达如下：

$$G(u, v) = F(u, v) + N(u, v) \tag{4-5}$$

式中，u 和 v 分别为在水平方向和垂直方向上的频率变量，Hz。

令 $H(u, v)$ 代表傅里叶变换的频域滤波器的传递函数。对高斯高通滤波器（GHPF）来说，传递函数 $H(u, v)$ 的表达式为 $H(u, v) = 1 - e^{-D^2(u, v)/2D_0}$。式中，$D_0$ 是该滤波器的截止频率；D 是从点 (u, v) 到点 $(M/2, N/2)$ 之间的距离，并且 $(M/2, N/2)$ 是 $M \times N$ 维图像的中心；$D(u, v) = [(u - M/2)^2 + (v - N/2)^2]^{1/2}$。用 $H(u, v)$ 乘以式（4-4）并认为 $H(u, v)$、$N(u, v)$ 可以忽略不计，然后过滤噪声由下面的式（4-6）实现：

$$G(u, v) = H(u, v)F(u, v) \tag{4-6}$$

对式（4-6）执行傅里叶变换的逆运算，即 $g(x, y) = DFT^{-1}[G(u, v)]$，则干净的图像就可以从 $g(x, y)$ 中提取，经过上述运算就能得到去除周期性噪声的干净图像。与巴特沃兹高通或理想高通等频域高通滤波器相比，GHPF 能够保持图像的优良特性和流畅的视觉效果。

原始红外图像的降噪效果可从图 4-9 中看出，在图 4-9（a）中看不到任何明显的特征现象，而在图 4-9（b）中可以明显地看到模型巷道的两个侧帮产生了局部损伤。

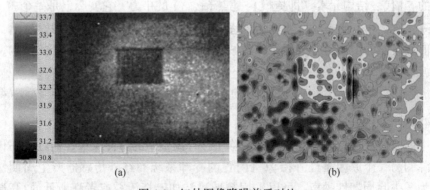

图 4-9　红外图像降噪前后对比

(a) 原始红外图像；(b) 降噪后的红外图像

4.4.2 形态学增强

红外图像中的高温或低温区域形成明显的边界或边缘是物理模型结构变化分析的基础。对灰度急剧变化的区域来说，一阶导数或梯度是比较敏感的。图像的锐化可以通过相关求导滤波器来实现，例如 Sobel，Prewitt，Roberts Cross 和 Canny 滤波器[180]。然而，图像锐化只能对边界或边缘进行修正，并不能改变实际像素数目。因此，求导算法并不适用于低对比度红外图像。例如，在以前研究工作中的红外图像采用 canny 滤波器增强但是产生的视觉质量却很差。在本小节中，开发了一个基于形态学的增强滤波器来处理低对比度图像。用新滤波器处理红外图像后提取到了岩石响应的详细特征，证明了新算法的有效性，提高了我们对层状岩体物理模拟巷道力学行为的认识[181]。

4.4.2.1 基本原理

图形形态学[180]是提取图像特征分量的一种有效工具，这些图像特征分量在描述区域形状（如边界和边缘）时是非常高效的。形态学技术包括形态学滤波、细化和剪裁等，是提取图像特征的有力工具。形态学主要针对灰度图像的膨胀、腐蚀及重构等基本操作，并且可以组合使用，能执行非常宽泛的任务。形态学技术也可用于图像分割，并且在图像描述的算法中也扮演着重要角色。

图像增强的目的是突出图像的特征如边界、边缘和对比度，这样能让图像更符合人类视觉感知或机器识别。数学形态学是一种广泛使用的图像分析方法，可以对图像进行平滑、过滤、分割、边缘检测、细化、形态分析和增强。除了基于求导的滤波器，一些其他方法如基于直方图和基于空间的滤波器也可以用来进行图像增强。在低对比度图像具有减小动态范围的情况下，基于形态学滤波器被证明是对图像增强最有效的方法[180~184]。

为了开发形态学增强滤波器，选用了两种基本的形态学滤波器。一个是开运算 $\gamma_B(f)$，其中 B 是结构元素 SE（structural element），也被称为模板、掩模或窗口，而 f 是灰度图像。$\gamma_B(f)$ 是一个对高密度像素和在结构元素附近提取最小区域的非膨胀变换滤波器。另一个是白顶帽（"white" top-hat，WTH），它是根据原始图像和进行过开运算图像之间的差异制成的，图像在开运算过程中结构元素 B 的尺寸相当于 λ。白顶帽滤波器定义为[185]：

$$WTH_B(f) = f - \gamma_B(f) \tag{4-7}$$

根据式（4-7），在减去开运算的结果 $\gamma_B(f)$ 后从灰度图像 f 中将获得图像的峰值（也叫前景）。

4.4.2.2 滤波器开发

滤波器开发的主要任务包括：（1）提取图像特征（前景或峰值）；（2）在一定大小水平下扩大图像特征。可以看出，WTH 滤波器能够提取图像峰值，即所有的灰度峰值。如果在波谷和波峰之间的差异很小，对比度就会很低。因此一个能够增强低对比度图像的想法自然就形成了，也就是利用 WTH 滤波器提取灰度峰值后放大这些峰值。根据式（4-7），对图像 f 执行 WTH 变换，得到的结果 $f - \gamma_B(f)$ 表明了灰度的峰值。为了增强一个图像的峰值，原始图像的峰值 $[f - \gamma_B(f)]$ 可以通过乘以一个系数 $1/\lambda$ 添加衰减来放大，增强后的图像峰值为 $[f - \gamma_B(f)]/\lambda$，其中 λ 是结构元素 SE 的尺度。

放大图像峰值的原因在于一张红外图像的峰值表征了岩体剧烈压缩或摩擦发生的部位，并提供了关于岩石破坏逐步发展的重要信息。另一个要考虑的是在岩石破坏实验中采集的红外图像具有多尺度性质。岩石破坏的多尺度过程包括粒子尺度的变形，微裂纹的萌生、扩展和贯通。因此，结构元素的尺度 λ 应该是多尺度的。相应地，添加的峰值 $[f - \gamma_B(f)]/\lambda$ 是尺度 λ 的函数，也就是对小尺度结构元素添加的峰值具有较大的幅度，对大尺度结构元素添加的峰值具有较小的幅度。按照这一原则，基于放大图像峰值 MIF（magnifying image foreground）的原理增强低对比度图像的想法可以通过下面的公式表达：

$$\text{MIF} = (\text{WTH}_{B_\lambda})/\lambda + f = (f - \gamma_{B_\lambda})/\lambda + f \tag{4-8}$$

式中，MIF 代表本书开发的放大图像峰值的增强滤波器；B_λ 表示多尺度结构元素的尺度 λ；WTH_{B_λ} 是多尺度白顶帽滤波器；γ_{B_λ} 是多尺度开运算滤波器。

MIF 滤波器的执行内核是通过使用多尺度开运算滤波器 γ_{B_λ} 进行多尺度运算，γ_{B_λ} 的定义如下：

$$\gamma_{B_\lambda} = \sum_{\lambda=1}^{n} \gamma_{B_\lambda} \tag{4-9}$$

式中，λ 为正方形结构元素 SE 的边长或圆形结构元素的半径，并且 λ 按照奇数关系增加的方式离散取值 $\lambda = 1, 3, \cdots$；$n = 2k + 1(k = 1, 2, 3, \cdots)$；$k$ 为比例因子。从式（4-8）可以看出，MIF 滤波器通过 $1/\lambda$ 放大图像峰值 $(f - \gamma_{B_\lambda})$ 并保持图像背景不变。物理模型实验中采集到的红外图像的背景说明了由于松弛、拉伸断裂等引起的温度降低结果。式（4-9）中使用的衰减因子 $1/\lambda$ 能够确保对应小尺度目标的峰值（相应于小规模的破裂）被放大到相对较高的水平，并且对应大尺度目标的峰值（相应于宏观断裂）被放大到中等水平。

4.4.2.3　多尺度结构元素

结构元素 SE 是一个给定简单几何图形用于变换图像的基本工具[185]，它是把含有一个中心点的部分图像变明显（即模板原点）。当模板原点放置在一张被研究图像中的一个像素上时，结构元素 SE 决定了相邻区域。当结构元素 SE 在整个图像上移动，对每一个点来说图像上的点和结构元素 SE 的点进行重合分析。对图像上的所有点，在结构元素 SE 中的测试点的最接近的相邻区域进行像素兼容性配置检查。符合的情况下，测试点被执行前面定义的运算[186]。考虑本书的模型实验中大部分探测对象是矩形形状的事实，确定使用正方形结构元素。

对于 B_λ 的设计，需要考虑探测最小断裂的估算空间分辨率。在物理模型实验中，成像区域为 400×367mm^2（即图 3-3 中的大号方框），并且红外图像储存为 120 像素×160 像素的照片。因此红外图像的空间分辨率是 2.8mm/像素，理解为成像区域的平方根被总图像像素分割，也就是一个像素占有边长为 2.8mm 的正方形区域。因为用于构建物理模型岩层的物理有限单元板的最小厚度是 10mm，单元板规模的断裂可以通过使用一个像素尺寸的结构元素来监测。与此同时，成像区域中的变形对象是一个高 200mm、宽 250mm 的巷道断面，和其相对应的结构元素 SE 的尺寸 λ 不应小于 90 像素。

在运算中，结构元素 SE 的边长 λ 是从 1 像素到 95 像素之间变化的，相当于边长从 2.8mm 到 266mm 的一系列正方形成像区域。相应地，正方形结构元素的边长是 $\lambda = 1$，3，…，$n = 2k+1$；$\lambda_{max} = 95$ 像素（$k = 1$，2，3，…，47）。结构元素的边长 λ 通过考虑以下三个方面后确定：（1）结构元素的边长应该足够小以满足小尺度裂纹探测的需要，因此结构元素的最小尺寸是 1 像素；（2）结构元素的边长应能够覆盖巷道断面，$\lambda = 95$ 像素时满足这个要求；（3）$\lambda = 95$ 像素的选择是为了确保可以探测到在外荷载作用下巷道断面逐步收敛的过程。

4.4.3 频谱分析

一张红外图像包含大量的信息，但是这些信息中有相当一部分是多余的。图像降噪和形态学增强的目的是从红外图像中提取特征变量进行识别或对感兴趣的对象进行量化，经过降噪和形态学增强后的红外图像见图 4-10(a)。从图 4-10(a) 中可以观察到岩层之间摩擦滑移引起的应力集中及滑动层之间的摩擦界面。为了对红外图像做出精确合理的解释，需要探索更多的图像处理方法。在本节的研究中，将要介绍离散傅里叶变换的图像处理方法。图像矩阵 $f(x, y)$ 实际上就是红外辐射温度（infrared temperature），即 IRT。为了简化起见，图像矩阵的平均值 $<f(x, y)>$ 也记作 $<IRT>$，代表岩体的瞬时能量平均耗散。因此，平均红外辐射温度 $<IRT>$ 曲线代表模型岩体的整体热响应。红外图像的离散傅里叶变换方法包括以下步骤：（1）计算红外辐射温度均值 $<f(x, y)>$（见图 4-10(b)），即从平均红外辐射温度曲线中提取图像矩阵 $f(x, y)$，其中 x 和 y 分别是在水平和垂直坐标上取离散值（即像素数）；（2）对图像矩阵在 X、Y 方向上分别进行一维离散傅里叶变换以提取红外图像的水平频谱和垂直频谱（见图 4-11）。

从红外图像中除了提取到平均红外辐射温度 $<IRT>$ 和傅里叶频谱等图像特征外，降噪后的红外图像本身也能用来表征岩体的结构响应。红外图像通过颜色、边界和边缘等图像特征以及图像中不同区域的温标来反映岩石的结构行为，

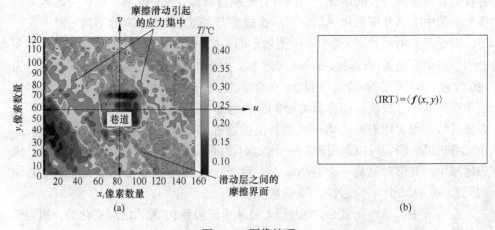

图 4-10　图像处理

(a) 降噪后的红外图像；(b) 图像矩阵的 IRT 平均值

不同区域的温标强调受力岩石相对于初始状态的温度变化。伪彩色经常用于红外图像以突出温标，即高红外温度由暖色调表示，低红外温度由冷色调表示。大量的研究表明，高红外温度和摩擦、剪切及应力集中引起的高应力水平相对应，低红外温度和拉伸开裂、现有裂纹的张开、应力释放及卸载引起的低应力水平相对应。例如在图 4-10(a) 中的红外图像中，平行于层理的高红外温度带代表由于岩层之间静态摩擦引起的应力集中，平行于层理的低红外温度带代表通过岩层内部岩石的松散或滑移引起的松弛结果。高低红外温度带之间的边界是动态滑动摩擦的界面。图 4-10(a) 图形中央的矩形区域则显示出了巷道断面区域（巷道断面是中空的，和背景温度一致）。

　　传统的二维傅里叶变换通常用来对图像进行转换，并不适用于定量分析。但是一维傅里叶变换可以计算从一维空间系列重新采样的频谱，如图 4-10(a) 所示，两个空间系列在图像平面的中心沿着水平方向和垂直方向的坐标轴取值：$x_i(i=1,2,\cdots,160)$ 和 $y_j(j=1,2,\cdots,120)$。在这两个空间系列上分别进行离散傅里叶变换（DFT）的运算，可以得到水平频谱 $F(u)=\mathrm{DFT}[x_i]$ 和垂直频谱 $F(v)=\mathrm{DFT}[y_j]$，其中 $u(\mathrm{Hz})$ 和 $v(\mathrm{Hz})$ 分别是水平空间频率和垂直空间频率。波数 $k=\sqrt{u^2+v^2}$ 是空间频率在任意方向的变数，并且 k 与波长 λ 有关，两者的关系由式 $\lambda\propto1/k$ 表示。

　　当每个观测与特定时刻或者时间间隔相关时，时间序列就是一个按照自然顺序集合布置的数值观测。在其他情况下每一个数值观测都与点的空间维度相关联，这样的数据被称为"空间序列"，如图 4-10(a) 中表示的情况。任意一组数据，虽然它们不是周期性出现的，但实际上也包含了有趣的周期性成分[187]。岩石破坏过程中红外图像序列中产生的周期性成分与谐波相对应，已被证明与不同规模的岩石断裂有主要关系，包括岩石中微裂纹的初生、扩展、汇聚及最终破坏等。岩石断裂的规模与周期性成分的空间频率成反比。

周期性成分叫做周期分量，也可称为主要分量或者主导性成分，在空间波谱中与幅度相对较高的峰值或两侧的谷值相对应。为了准确描述离散傅里叶频谱的特性，定义了下列术语：

（1）低频段指的是 1~2Hz 的频率范围；

（2）高频段指的是 2~3Hz 的频率范围；

（3）超高频段指的是大于 3Hz 的频率范围；

（4）如果有一个以上的周期分量，根据它们的幅值大小可定义为第一主要分量（具有最大幅值）、第二主要分量（具有第二大幅值），并以此类推；

（5）主导频率定义为主要分量的频率落入低频段，或主要分量的频率落入高频、超高频并同时具有最大幅值。

主要分量的物理意义在于主导频率代表强烈的应力波，剧烈变化的应力波又与明显的宏观尺度断裂/破坏相对应，或者以关键的微观裂纹形式作为一个前兆分量，预示将会有岩石瞬时动态断裂/破坏。

以图 4-11 中的傅里叶频谱来具体理解主要分量和主导频率。图 4-11（a）中垂直频谱有三个主要分量，包括第一主要分量 2.28Hz，第二主要分量 1.91Hz 和第三主要分量 2.71Hz；并且有两个主导频率：一个频率是 1.91Hz，在低频段；另一个频率是 2.28Hz，在高频段（具有最大幅值）。图 4-11（b）中水平频谱有 4 个主要分量，它们的频率分别是 1.73Hz、2.48Hz、2.75Hz 和 3.1Hz，水平频谱有一个主导频率是 1.73Hz。地质力学模型实验中获得的傅里叶频谱特征将会在第 5 章中进行详细的分析。

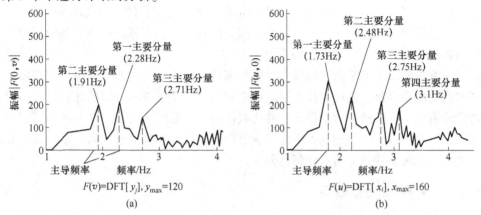

图 4-11　傅里叶频谱

（a）120 个点的 DFT 运算获得的垂直空间频谱 $F(v)$；（b）160 个点的 DFT 运算获得的水平空间频谱 $F(u)$

5 水平岩层巷道红外探测应用分析

5.1 红外图像分析

根据 4.4 节中的介绍，实验过程中采集到的红外图像信噪比较低。为了从采集到的红外图像中获得准确的岩体响应信息，提出了下列算法，并且按照对红外图像运算处理的步骤列出：（1）从后续红外图像序列中减去第一帧用来去除环境背景辐射噪声；（2）执行中值滤波运算用来抑制脉冲噪声；（3）执行高斯高通滤波运算（GHPF）用来去除周期性添加噪声；（4）最后执行新开发的形态学增强滤波运算（MIF）用来增强降噪后的红外图像。上述图像处理运算都是通过 Matlab8.0 平台并基于 Matlab 宏代码中的图像处理工具箱（IPT）功能实现的。

红外图像主要通过伪彩色来描绘有关岩石断裂的前兆信息，轮廓和边缘以及亮区和暗区分别是不同温度的分布区。为了加深对红外图像的理解，可以使用以下既定规则：

（1）暖色或积极色彩代表高温区，冷色或消极色彩代表低温区；

（2）高温表征由摩擦、剪切或应力集中引起的高应力水平；低温表征由拉伸开裂、应力释放或卸载引起的低应力水平；

（3）温度分布可以表征断裂模式，即散射分布的温度表示弹性变形，局部高温分布代表塑性变形，并且局部分布的大小和损伤的规模相对应；

（4）冷色区与暖色区的分界边缘和轮廓能够表征岩石的行为模式。

上述规则可以用来比较相同的红外图像序列在使用旧算法处理后和使用新开发的算法处理后视觉质量之间的不同。

本章主要介绍水平岩层地质力学模型实验过程中采集到的红外图像对岩体破坏响应的前兆预警，进而获得水平岩层地质力学模型巷道的变形破坏特征。本章着重分析水平岩层地质力学模型在外荷载作用下变形破坏过程中红外图像的响应机制，不再对水平岩层地质力学模型巷道进行傅里叶频谱分析，第 6 章将着重介绍地质力学模型巷道的傅里叶频谱分析。

5.2 红外图像增强效果

文献 [188] 介绍了对水平岩层地质力学模型巷道在实验过程中采集的红外图像的分析方法及红外图像的响应结果，其中使用的红外图像算法称为旧算法。

旧算法包括两次滤波变换，即中值滤波器去除脉冲噪声和 Canny 滤波器用来锐化特征区域的边缘。然而旧算法不能很好地增强低对比度（low-contrast）红外图像，所以在文献［188］的研究中能提供的关于岩石特性的信息很少。

根据图 3-8 中的水平岩层地质力学模型实验的加载路径，从采集到的红外图像序列中选取一些典型图像来描述岩石在不同应力状态下的响应。从静水加载阶段选取 5 个关键点 A1~A5，从非静水加载阶段选取 7 个关键点 B1~B7。在应力状态 A1（$\sigma_1 = \sigma_2 = 0.8$ MPa）下 010 帧图像的处理效果可以从图 5-1 中看出。图 5-1（a）是在实验过程中采集到的 010 帧图像的原始红外图像，图 5-1（b）是在文献［188］中用旧算法处理过的 010 帧图像，图 5-1（c）是相同的 010 帧图像用新算法处理后的结果。可以看出，原始的 010 帧红外图像具有低信噪比和低对比度，只能观察到巷道断面的矩形轮廓。当 010 帧图像经过旧算法处理后，只能在巷道断面的两侧帮观察到代表应力集中的两个细条带高温区。据了解，在巷道的开挖边界围岩将会引起应力的重分布，并在远离巷道开挖区逐步消失。因此在文献［188］中旧算法处理的红外图像不能提供岩体响应的准确信息。

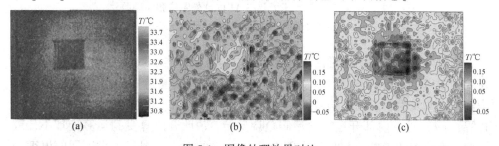

图 5-1 图像处理效果对比

（a）原始 010 帧红外图像；（b）使用旧算法处理后的 010 帧红外图像；（c）使用新算法处理后的 010 帧红外图像

使用新算法处理过的 010 帧图像（见图 5-1（c）），高温分布在与巷道断面中心大致对称的巷道围岩区域。在巷道顶板、底板和两侧帮的边界，高温表明了应力集中，并且在相同的应力水平下远离巷道中心的区域温度趋向于降低。010 帧新红外图像表明模型巷道围岩的应力重分布，并且符合 5.1 节中提到的既定规则。与文献［188］中使用旧算法处理的同一帧图像相比，说明使用新算法和图像增强滤波器（MIF）处理后图像质量有显著的提高。值得一提的是，和文献［175］中开发的形态学增强滤波器 κ_n 相比，新滤波器 MIF 具有结构简单和高效率等优点，并且很少干扰到图像的背景。在巷道断面中的温度分布和室温是一样的，比受载下的岩体温度低。从图 5-1（b）、图 5-1（c）中可以看出，旧图像中的巷道断面不清晰，而新图像中的巷道断面非常清晰。

5.2.1 静水压力状态下的红外图像特征

图 5-2 显示了对应于静水压力状态 A1（0.8MPa，0.8MPa）下的红外图像和

模型照片。图 5-2（a）是使用文献［188］中的旧算法处理的（也叫做老红外图像），图 5-2（b）是使用本书中开发的新算法处理的（也叫做新红外图像），图 5-2（c）是与红外图像对应的实验视频截图。在模型照片中的黑色方框实际上是一个 400mm×300mm 的红色胶带边框，用来标志出红外成像区域。对应于每个应力状态的外加应力（σ_1，σ_2）为 A1（0.8MPa，0.8MPa），A2（0.8MPa，0.8MPa），A3（0.8MPa，0.8MPa），A4（1.4MPa，1.4MPa）和 A5（1.4MPa，1.4MPa）。

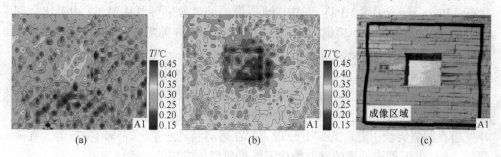

图 5-2　对应于静水压力状态 A1 的红外图像和模型照片
（a）旧红外图像；（b）新红外图像；（c）模型照片

　　通过与新的红外图像对比（图 5-2(b)），可以看出旧红外图像（图 5-2(a)）主要包含以下几点缺陷：（1）关于巷道围岩体的应力重分布信息较少；（2）应力集中区只发生巷道开挖边界，与实际情况不符；（3）不能清楚地表征巷道的边界；（4）进行内部开运算之后暖色调反转，说明开运算受到运算处理不佳或室内温度波动的影响。相反地，图 5-2（b）中的新红外图像提供不同的温度分布模式来表征岩石响应。下面将对新红外图像和模型照片进行对比。

　　正如前面分析，新红外图像 A1 在（0.8MPa，0.8MPa）应力状态下显示出的应力重分布大致是各向同性的，巷道断面的变形小并且大致是对称的。巷道两帮的暖色表示由于物理有限单元板层理之间的压缩和静态摩擦引起的应力集中。巷道顶板的暖色表示巷道顶板上方覆盖岩层压缩引起的温度上升，巷道底板的暖色说明由于巷道两帮向临空区移动对底板造成的挤压引起的温度上升。新红外图像揭示出的岩石行为在模型照片 A1 中无法观察到。

　　由图 5-3 可以看出新红外图像 A2 在（0.8MPa，0.8MPa）应力状态下表现为：（1）巷道的上覆岩层和左右两帮受力较大，在红外图像上显示为深红色；（2）左右两帮进一步向巷道的临空面推进。这些实验现象在相应的模型照片 A2 中逐渐可以观察到。

　　图 5-4 中新红外图像 A3 在（0.8MPa，0.8MPa）应力状态下的突出特点是毗邻巷道右侧帮出现与岩层层理平行的高温条带，预示着层理面之间强烈的静态摩擦作用。在相应的模型照片 A3 中，可以观察到巷道左右两帮向巷道断面进一步

移动。但是，并不能从模型照片中反映出岩层之间的静态摩擦。

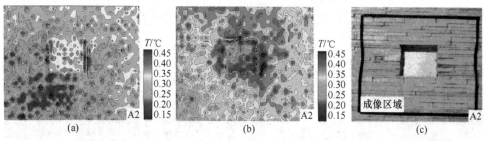

图 5-3 对应于静水压力状态 A2 的红外图像和模型照片
（a）旧红外图像；（b）新红外图像；（c）模型照片

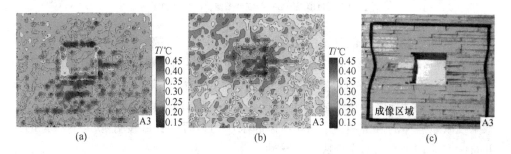

图 5-4 对应于静水压力状态 A3 的红外图像和模型照片
（a）旧红外图像；（b）新红外图像；（c）模型照片

图 5-5 中新红外图像 A4 在（1.4MPa，1.4MPa）应力状态下的变化说明了左右两帮向巷道临空区移动的结果，即巷道断面进一步收缩。在红外图像中可以清楚地看到底鼓现象，并且相应的模型照片 A4 中也能观察到一点底鼓的迹象。

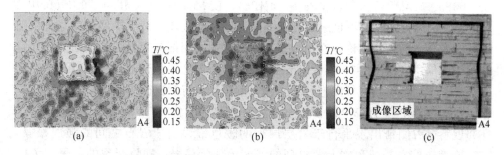

图 5-5 对应于静水压力状态 A4 的红外图像和模型照片
（a）旧红外图像；（b）新红外图像；（c）模型照片

图 5-6 中新红外图像 A5 在（1.4MPa，1.4MPa）应力状态下的重要特征是毗邻巷道右侧帮出现的与岩层层理平行的高温条带变得更加明显，同时在高温条带

下方是一个低温条带，表示地质力学模型内部正在由静态摩擦向动态摩擦过渡。而岩层之间的摩擦现象在相应的模型照片 A5 中难以观察到。

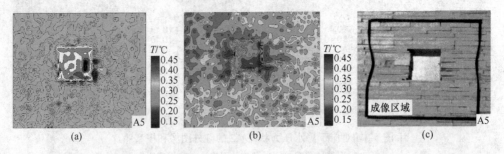

图 5-6　对应于静水压力状态 A5 的红外图像和模型照片
（a）旧红外图像；（b）新红外图像；（c）模型照片

　　分析和比较红外图像及模型照片 A1～A5，说明了在静水压力的低应力水平下巷道变形较小的事实。新红外图像提供不同的温度分布模式来表征岩石响应的前兆信息，即：（1）散射分布的温度表征岩体的弹性响应；（2）局部高温分布表征岩体的摩擦、应力集中或塑性变形；（3）局部温度区的形状、尺寸及温度水平反映了岩体的破坏机制；（4）在静水压力过程中，温度分布是不对称的，并且随着非均质性的增强变成各向异性。

5.2.2　非静水压力状态下的红外图像特征

　　图 5-7 显示了在非静水应力状态下 B2 的红外图像和模型照片。图 5-7（a）是文献［188］中的旧红外图像，图 5-7（b）是新红外图像，图 5-7（c）是模型照片，对应于每个应力状态的外加应力（σ_1，σ_2）为 B2（2.5MPa，1.4MPa），B3（3MPa，1.4MPa），B4（4MPa，1.4MPa），B5（5MPa，1.4MPa）和 B6（6MPa，2MPa）。旧红外图像的不足之处在于不能提供模型破坏的裂纹扩展信息。分析旧红外图像得出的初步结论是在图像平面中巷道的左侧帮有倾斜的宏观断裂，但是缺乏细节信息。从图 5-7b 中可以看到新红外图像提供了不同模式的岩石响应前兆信息。下面将对新红外图像和相应的模型照片进行对比分析。

　　在（2.5MPa，1.4MPa）的应力状态下新红外图像 B2 表现出如下特征：（1）在邻近巷道右侧帮出现平行于岩层层理的暖色带说明了岩石之间的强烈摩擦；（2）在巷道的左侧帮和左上角出现的温度局部化是岩石即将断裂的信号；（3）红外图像的左半平面出现几个沿斜线分布的暖色区是岩石断裂的预示；（4）可以观察到底鼓及巷道断面明显收缩。在相应的模型照片 B2 中可以观察到如下特点：（1）迹象表明巷道的右半平面存在岩石摩擦；（2）在巷道左侧帮附近可以清楚地看到一个张开的垂直裂纹（不能在红外图像中看出）；（3）很难看出巷道

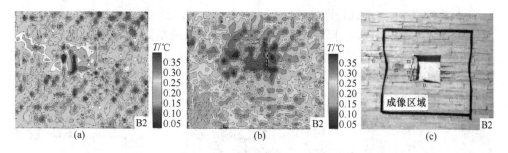

图 5-7　对应于非静水压力状态 B2 的红外图像和模型照片

（a）旧红外图像；（b）新红外图像；（c）模型照片

左上角的损坏（但是可以在红外图像中清楚地看到）；（4）可以看到在巷道左半平面沿斜线出现的微小裂纹，但是和红外图像相比还不是很清楚。

通过对比在应力状态 B2 下的红外图像和模型照片，可以得到如下理解：（1）红外图像能够对岩石破坏过程中涉及剪切、摩擦和压缩的裂纹扩展提供前兆预警，有强烈的热力耦合机制；（2）红外图像不能探测具有弱热力耦合机制效应的张开裂纹的几何细节。

如图 5-8 所示，新红外图像 B3 在（3MPa，1.4MPa）的应力状态下表现出如下特征：（1）巷道断面左侧半平面内的高温区沿斜线跨越多个层理面合并，说明剪切破坏已经演变成宏观尺度；（2）在巷道右侧半平面内的暖色带和冷色带之间链接，说明层理面之间有摩擦滑动；（3）在巷道右侧边墙可以看到明显的位移。在相应的模型照片 B3 中可以观察到如下特点：（1）巷道断面左侧半平面内可以清晰地看到倾斜的剪切断裂；（2）表明巷道的右半平面存在摩擦滑动；（3）可以清楚地看到在巷道右侧帮附近通过张开的垂直断裂出现物理有限单元板块分离，然而红外图像由于弱的热力耦合机制不能探测到这些张开断裂的几何结构变化；（4）同样的原因，大范围的底鼓现象在红外图像中并不是特别明显。

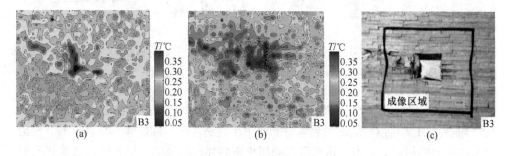

图 5-8　对应于非静水压力状态 B3 的红外图像和模型照片

（a）旧红外图像；（b）新红外图像；（c）模型照片

如图 5-9 所示，新红外图像 B4 在（4MPa，1.4MPa）的应力状态下可见的主要特征包括：（1）在模型照片中可以清楚地看到巷道左侧帮附近分离块体的进一步位移，这些信息在红外图像中也可以看出，但是不太清楚；（2）岩层断裂隆起引起的底鼓并不能在红外图像中显现；（3）巷道右侧平面内由摩擦引起的断裂在红外图像和模型照片中都可以清楚地观察到。

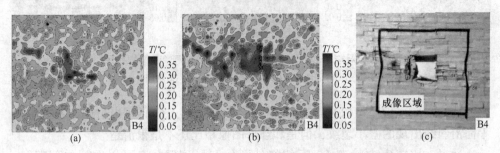

图 5-9　对应于非静水压力状态 B4 的红外图像和模型照片
（a）旧红外图像；（b）新红外图像；（c）模型照片

如图 5-10 所示，新红外图像 B5 在（5MPa，1.4MPa）的应力状态下表现的显著特点是在图像的左上角汇聚了一条垂直裂缝（在相应的模型照片中也可以看出）。上述垂直裂缝可以从 B2 到 B5 的新红外图像来预测，因为 B2 到 B5 的新红外图像上都能看到左上角的局部高温。应该注意的是，在非静水压力过程中的高温分布比在静水压力过程中的高温分布表现出强烈的各向异性和非均质性。

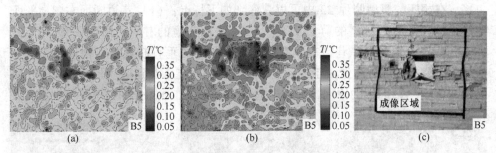

图 5-10　对应于非静水压力状态 B5 的红外图像和模型照片
（a）旧红外图像；（b）新红外图像；（c）模型照片

如图 5-11 所示，新红外图像 B6 在（6MPa，2MPa）的应力状态下展示的主要特征包括：（1）可以清楚地看到巷道断面由于巷道左侧帮的位移而显著收缩，相应的模型照片中可以看出由于压缩引起的顶板弯曲并产生局部岩块破坏；红外热成像仪可以探测到压缩变形产生的热量，这就是红外图像可以表征岩石块体位移原因。（2）由于左右两帮向巷道临空区位移挤压引起的底鼓因为相同的原因也可以被红外热成像仪探测到，结果红外图像和模型照片中都能够看到底鼓现象。

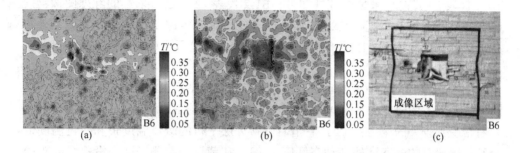

图 5-11 对应于非静水压力状态 B6 的红外图像和模型照片

（a）旧红外图像；（b）新红外图像；（c）模型照片

通过对比和分析，新红外图像表征岩体响应能力可以概括为以下几点：

（1）压缩裂纹、摩擦裂纹及剪切裂纹在萌生、扩展和贯通过程中由于强烈摩擦的热力耦合机制会产生大量的热，因此红外图像可以通过温度分布来提供岩石响应的相关预警信息；

（2）与模型照片对比发现，通过红外图像预测的岩石断裂都在模型照片中得到很好的证明，说明新红外图像中由温度分布表征的预警信息是可靠和准确的；

（3）逐步发展中已经开裂的裂纹由于弱的热力耦合效应产生较少的热量，因此红外图像难以探测到张开裂纹的几何细节；

（4）与旧红外图像对比[188]可知，本书中开发的形态学增强滤波器通过与灰度成反比的比例因子放大了图像的峰值，同时不干扰图像背景，因此在保留巷道断面边界的同时温度场的微小变化都是可以解读的。

从以下几个方面可以得知新红外图像比旧红外图像效果好：

（1）明显表征了地质力学模型巷道在低应力水平的静水压力阶段的应力重分布和应力集中现象；

（2）对静态摩擦、临界动态摩擦以及滑动摩擦引起的破坏结果提供了准确的预警信息；

（3）对裂纹的萌生、扩展和贯通以及模型最终破坏提供了不同模式的前兆信息；

（4）在图像特征中清楚地描绘了巷道断面的结构变化，包括左右两帮向巷道临空面移动、顶板弯曲下沉以及底鼓。

5.3 水平岩层巷道变形破坏特征

5.3.1 红外温度辐射特征

在非静水压力阶段的应力状态下，巷道比较倾向于破坏。为了探索岩体的非线性响应特征，对应力状态 B1~B6 进行详细分析。在此约定图像的下标表示为：B1-1 代表 B1 点之后采集的红外图像，B1-2 代表 B1-1 之后采集的红外图像，它们的应力状态与 B1 的应力状态相同，下面的图像 B2~B6 都以此类推。与红外图像对应的模型照片也是按照上述规则命名的，并且模型照片中黑色方框圈出的区域就是红外成像区域。

图 5-12 显示了在（1.8MPa，1.4MPa）应力状态下 B1 的红外图像序列和模型照片，此时的侧压力系数 λ 等于 0.78。在红外图像 B1 中：（1）巷道的顶板和左右帮受到较大的压力；（2）巷道右侧帮分层平行的暖色温度带和冷色温度带分别代表岩石的静态摩擦和动态摩擦；（3）在巷道的左侧平面内沿斜线分布的几个独立的小尺度暖色区预示着裂纹的萌生。图 B1-1、图 B1-2 和图 B1-3 说明了这些裂纹的演变过程，通过和模型照片进行对比，可以看出如下现象：

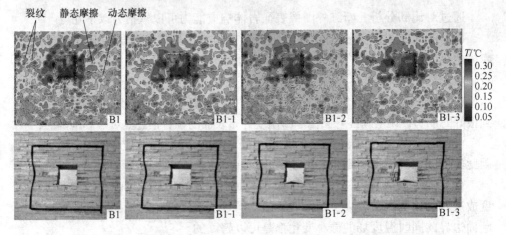

图 5-12　B1 及相应序列在应力状态（1.8MPa，1.4MPa）下的红外图像和模型照片
（B1-1，B1-2 和 B1-3 表示在和 B1 相同的应力状态下先后采集到的图像，后面的图像 B2~B6 都以此类推）

（1）红外图像能够通过温度分布的不同模式很好地表征岩石的破坏机制，例如静态和动态摩擦、应力集中和裂纹萌生；但是当变形很小的时候这些前兆迹象很难在相应的模型照片中观察到。

（2）在红外图像和模型照片中都能观察到左右两帮的位移和底鼓现象。

（3）B1-3 的模型照片显示了巷道左帮的物理有限单元板块体通过张开的垂直裂纹与模型主体分离，虽然红外图像上不能探测到这些张开裂纹的细节，但是可以提供裂纹发生的预警信息。

图 5-13 显示了在（2.5MPa，1.4MPa）应力状态下 B2 的红外图像序列和模型照片，与该应力状态相应的侧压系数为 $\lambda=0.56$。正如 5.3.2 节中的分析，新红外图像 B2 包含的主要特征有：（1）巷道左侧平面内沿斜线分布的裂纹扩展通

过高温区域的增长表示；（2）巷道右侧帮附近的高温、低温条带揭示了岩石的静、动态摩擦。图 B2-1、图 B2-2 和图 B2-3 说明了裂纹的汇合最终在巷道的左侧平面内汇聚成为倾斜的剪切裂纹。与相应的模型照片进行对比，可以看出如下特征：（1）红外图像中关于倾斜剪切裂纹汇聚的前兆信息是准确的，在稍后阶段的模型照片中可以清楚地观察到这些信息；（2）通过红外图像揭示的巷道右侧平面内摩擦滑动破坏机制也可以在稍后阶段的模型照片中清楚地观察到；（3）由于巷道底部岩层断裂隆起形成的底鼓可以同时在红外图像和模型照片中观察到，底部岩层的开裂后的几何细节只能在模型照片中看到；（4）模型照片中巷道左侧边墙处由垂直裂缝分离的岩石块结构不能在红外图像中描述出来，主要是由于开裂纹产生的热量较少，难以在红外图像中形成温度变化。

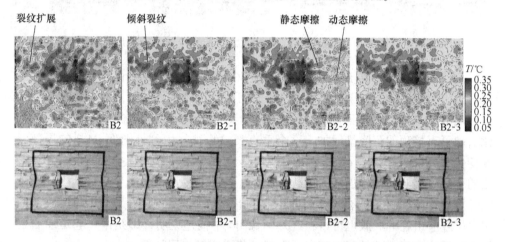

图 5-13　B2 及相应序列在应力状态（2.5MPa，1.4MPa）下的红外图像和模型照片

图 5-14 显示了在（3.0MPa，1.4MPa）应力状态下 B3 的红外图像序列和模型照片，在此应力状态下侧压系数 $\lambda = 0.47$。与 5.3.2 节中的分析原则一致，红外图像和模型照片的对比分析得出如下几点特征：（1）在红外图像和模型照片中可以清楚地观察到巷道断面左侧半平面内沿斜线形成的剪切裂纹跨越多个层理面；（2）红外图像和模型照片中都可以清楚地看到巷道右侧帮附近岩层之间明显的摩擦滑动；（3）可以在红外图像和模型照片序列中观察到由于巷道左右两帮向临空区移动、顶板弯曲、底鼓等引起的巷道断面逐步收缩的过程。

在侧压力系数 $\lambda = 0.35$，应力状态为（4.0MPa，1.4MPa）时 B4 的红外图像序列和模型照片可以在图 5-15 中看到，从图 5-15 中可知：（1）在红外图像 B4 中巷道左上角的局部高温信号预示了裂纹扩展，这样的预警很难在模型照片 B4 中观察到；（2）通过局部温度变化在红外图像 B4-1 中可以很好地观察到巷道左上角的顶板弯曲和裂纹进一步扩展现象；（3）在模型照片 B4-2 中，左上角的裂

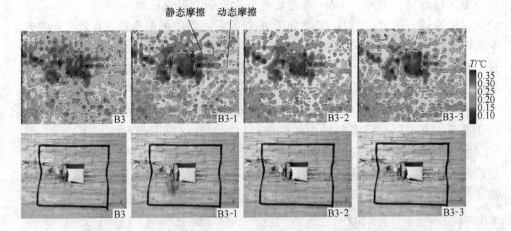

图 5-14　B3 及相应序列在应力状态（3.0MPa，1.4MPa）下的红外图像和模型照片

纹汇合成一个几乎垂直于层理面的剪切裂纹，可以清楚地看到由于垂直裂纹切断直接顶引起明显的顶板下沉，这些细节也可以在后续的红外图像 B4-1~B4-3 中预测和观察；（4）在模型照片 B4-3 中可以看到左上角垂直裂纹的进一步扩展，因此引起了直接顶的沉降量增加，这个垂直裂纹也可以由红外图像 B4-3 的局部温度变化解释说明；（5）在红外图像序列 B4 中揭示了块体向临空区的位移，直接顶的下沉将会对块体施加轴向荷载由此产生的屈曲变形将会产生热量，因此红外图像可以探测到由于破裂块体屈曲引起的巷道断面收缩现象；（6）巷道底部断裂岩层隆起引起的底鼓也可以在红外图像 B4 中描述说明，即是由于巷道左右两帮向巷道临空区位移挤压底部岩层引起了巷道底部岩层隆起。

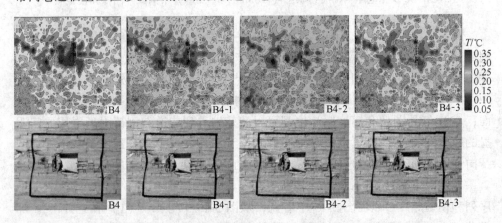

图 5-15　B4 及相应序列在应力状态（4.0MPa，1.4MPa）下的红外图像和模型照片

在侧压力系数 $\lambda = 0.28$（最小侧压力系数），应力状态为（5.0MPa，

1.4MPa）时 B5 的红外图像序列和模型照片如图 5-16 所示。对红外序列 B5 及相应的模型照片进行比较分析可知：（1）从红外图像序列中的局部高温区和模型照片中的迹象可知，模型左半平面的岩石破坏由斜裂纹控制；（2）红外图像序列中模型右半平面的水平高温条带揭示了岩层之间的平行滑移，这些现象在相应的模型照片中也可以观察到；（3）红外图像序列 B3～B5 揭示了巷道左上角的垂直剪切裂纹和相关顶板下沉的逐步发展过程，这些现象在相应的模型照片中也可以清楚地显现；（4）在红外图像序列和模型照片中都揭示了底鼓现象。

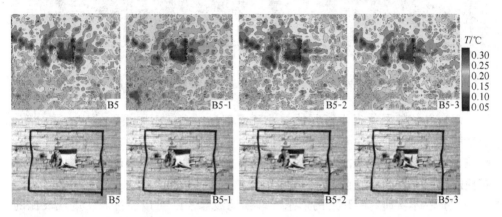

图 5-16　B5 及相应序列在应力状态（5.0MPa，1.4MPa）下的红外图像和模型照片

在侧压力系数 $\lambda = 0.33$（最大垂直荷载），应力状态为（6MPa，2MPa）时 B6 的红外图像序列和模型照片可以在图 5-17 中看到，对红外序列 B6 及相应的模型照片进行比较分析可知：（1）顶板显著下沉、岩块局部破坏、底鼓以及巷道右帮岩层之间的摩擦滑动都可以在模型照片 B6 中观测到，红外图片 B6 中的温度分布也能表征这些岩石响应信息。（2）从模型照片 B6-1 中可以看到巷道左侧边墙岩块倒塌，由于倒塌引起的应力松弛从红外图像 B6-1 中也得到很好的验证，即红外图像中巷道左帮有明显的温度下降。（3）从红外图像序列 B6-2 到 B6-3 及相应的模型照片 B6-2 到 B6-3 中都能清楚地看到由于巷道的完全破坏引起巷道断面严重扭曲；注意红外图像 B6-2 到 B6-3 中底板区域的暖色温度带并不能表征相应模型照片中的岩层断裂，但是底板岩层承受由于巷道左右两帮收缩产生的压缩荷载。

本章中对水平岩层地质力学模型巷道开展的工作是对以前研究成果[188]的延伸探讨。对比相同红外图像在以前工作中的处理结果[188]，本次研究中开发的新图像处理技术有显著的提高，对地质力学模型实验结果分析提供了更精确的依据。关于水平岩层地质力学模型实验研究，与以前发表的成果相比取得了重大进展，在图像处理分析和岩体响应预警方面有以下几点突破：

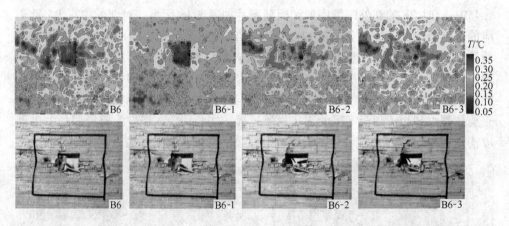

图 5-17　B6 及相应序列在应力状态（6.0MPa，2.0MPa）下的红外图像和模型照片

（1）新红外图像提供不同的前兆预警信息来表征不同模式的应力重分布，包括巷道周围岩体中不同位置的裂纹萌生、扩展和汇聚，岩层之间的静态、动态摩擦，剪切或摩擦裂纹的发育等；然而，文献[188]中的旧红外图像在应力重分布模式还有应力重分布范围方面都不能提供充足的信息。

（2）在本次研究中开发的形态学增强滤波器 MIF 可以通过与灰度成反比的比例因子 λ 放大图像的峰值，并且不会干扰图像的背景。以前的研究成果[175]中提及的形态学滤波器放大图像峰值的同时也会改变图像的背景。本项研究中的图像处理和分析表明：1）在去除噪声、消除室内温度波动和增强图像特征方面新处理技术是强大而有效的，因此温度场的微小变化都能得到合理的解释；2）地质力学模型巷道横截面的几何形状是图像背景，因为和室内温度是一致所以具有相同的温度分布；和旧红外图像相比[188]，新红外图像清楚地描绘了巷道断面的变形过程。

（3）对模型巷道加载过程中采集到的典型新红外图像进行分析，并和相应的模型照片进行对比，说明通过红外图像温度分布模式进行岩石破坏预警的表征是真实可靠的。

（4）新红外图像由图像特征描绘了不同模式的岩石前兆信号，例如，散射分布的温度点、局部分布的温度带、温度形状和温度等级、高低温区域的边缘和边界等图像特征都揭示了岩石的破坏机制。

在实验中使用的 TVS-8100MKⅡ红外热成像仪是专门为室内测试设计的，不适合在强对流、震动、高湿和大雾的环境中工作。上述关于红外热成像优势的讨论是在实验室条件的基础上建立的，即室内温度和测试环境都可以控制。红外热成像在工程现场中的应用受到潜在限制，因为工程实际岩体将会在工程现场环境中测试，这样就难以满足实验室的测试条件。红外热成像仪探测的是目标表面的温度变化。正如 4.4.1 节中讨论的，环境辐射对温度曲线有显著的影响。在现场的情况下，虽然岩体表面是可见的，但是机械通风和机械热量转换占有主导地位，所以真实岩体响应难以用采集到的红外图像序列表征。因此，红外热成像仪在实际岩石力学工程项目现场应用时，只能作相关潜在危险区温度变化的粗略估计。

5.3.2 巷道变形特征分析

为研究在外荷载作用下巷道四周应变变化的情况，在巷道的顶底板及左右帮选取五个关键点布置应变片。如图 5-18 所示，应变片分别安装在顶板、左右两帮中心和底板处，采集各关键点 x、y 方向的应变。

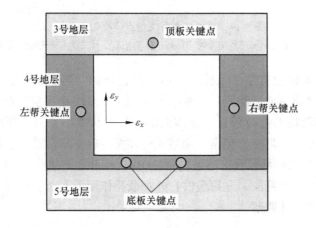

图 5-18　巷道围岩体应变片布置

从图 5-19 可以看到底板两个采样点的应变变化规律基本一致：第 33min 之前（A1～A5 级加载阶段）应变变化不大，此时对应静水压力状态，并且应力水平较低，模型内部岩体没有产生较大的变形；第 33min 之后（B1～B6 级加载阶段），模型开始采用非静水荷载加压，此后的每一次加载，应变曲线都有明显的波动；第 36min 时两个关键点的应变都有突变，根据 B1-1 对应的模型照片（见图 5-12）也可看出第 36min 正好是底板起裂点，可以说明外加荷载引起模型内部应力集中而产生底鼓。从图 5-19（a）还可以看出巷道底板隆起之后，底板左侧 1 号关键点在垂直方向上有较大变形，由于 1 号关键点在垂直方向上发生大范围变形，导致在第 68min 时垂直方向的应变片失效。从图 5-19（b）可以看出，底板右侧 2 号关键点在垂直方向上出现了相反的大变形，这反映了稳定变形过程中岩块的连续性。综合两个关键点的应变曲线可以看出，巷道底板在水平方向上的变形比垂直方向小。

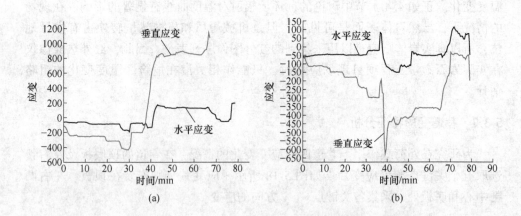

图 5-19　巷道底板各关键点应变时间曲线
（a）底板 1 号关键点应变时间曲线；（b）底板 2 号关键点应变时间曲线

从图 5-20 可以看出左帮采样点的应变变化规律：第 36min 之前应变变化平稳，第 36min 之后应变波动剧烈。根据图 5-12~图 5-17 中对应的模型照片也可看出，B1 级加载阶段巷道两帮开始整体向临空区平行推出，而左帮的移动距离较大，此时巷道左帮内部应力集聚；而第 40min 左右应变波动剧烈，根据对应的模型照片（见图 5-12）可以看出巷道左帮在 B1-3 点开始产生张性裂纹，说明模型内部集聚的应力得到释放。左帮裂纹在外加载荷作用下不断扩展逐渐形成贯通裂纹带，最后左帮整体垮落。

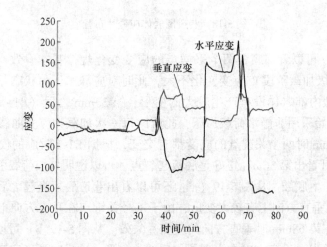

图 5-20　巷道左帮关键点应变时间曲线

从图 5-21 可以看出右帮采样点的应变变化规律：第 36min 之前应变变化平

稳，第36min之后应变突降，到第68min时应变又迅速上升。根据图5-19的分析可知，第36min正好是底板的起裂点，底板断裂导致积聚的应力得到释放，所以36min之后应变突降；而第68min对应B4级加载阶段，从对应的模型照片（见图5-15）也可以看出此时右帮开始产生裂纹，并逐渐形成一条倾斜的裂纹带，最后与左帮裂纹带贯通导致巷道整体破坏，说明裂纹的形成需要能量的积聚，当能量达到临界状态后，稍有应变波动，裂纹就迅速扩展，成为不稳定状态。从右帮关键点的应变变化可以看出，右帮关键点的垂直应变和水平应变变化规律保持一致。

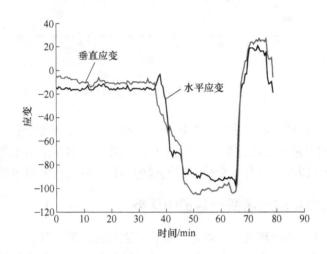

图5-21 巷道右帮关键点应变时间曲线

从图5-22可以看出顶板采样点的应变变化规律：第36min之前应变一直有小范围波动，到第36min之后应变变化剧烈。因为顶板采样点位于泥岩层（见表3-5）中，材料的强度要大于煤层的强度（其他采样点位于煤层中），另外由于模型本身的自重和模型顶部荷载的作用，导致顶板受力大于两帮受力。由于顶板的破坏需要克服材料本身的强度，虽然有小范围的应变波动但一直没有产生裂纹，而两帮的破坏只需克服层间的摩擦力，这个摩擦力远小于材料本身的强度，根据图5-12~图5-17中的模型照片可以看到两帮的破坏先于顶板的破坏发生。而从B4-2对应的模型照片（见图5-15）可以看出，B4级加载之后顶板靠左侧处开始产生裂纹，并且形成裂纹带导致顶板下沉。

预埋应变片能够准确地测量稳定变形过程中的岩体变形，所测得的岩体应变反映出与红外图像分析相同的岩石特性。临界点第36min是静水加载阶段到非静水加载阶段的过渡点，在第36min之后巷道四周围岩大多数情况下出现应变突变现象（上升或下降）。由于在36min之后的不稳定变化过程中会产生大变形或者

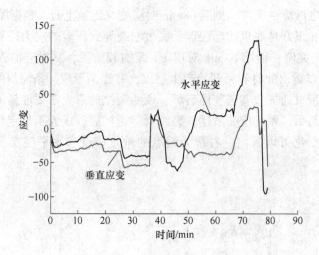

图 5-22　巷道顶板关键点应变时间曲线

流变性质，有的应变片将会失效。把图 5-19~图 5-22 中各关键点的应变变化和图 3-8 中的加载曲线进行对比分析，还可以看出每级外力加载基本上都对应着关键点的应变突变，说明外界荷载变化是引起模型内部应变变化的根本原因。

5.4　红外热像探测地质模型巷道的优势

　　本章在红外图像处理与分析等方面取得了创新性成果，开发了新的图形形态学增强滤波器来处理低对比度红外图像，并成功提取了与地质力学模型岩体破坏相对应的图像特征。新开发的形态学增强滤波器（MIF）通过与灰度成反比的比例因子放大了图像的峰值，同时不干扰图像背景，因此在保留巷道断面边界的同时，温度场的微小变化都是可以解读的。使用新红外图像对水平岩层地质力学模型进行了岩体响应分析，通过模型照片、旧红外图像与新红外图像的对比分析，表明新红外图像能够清楚地描绘地质力学模型巷道在低应力水平的静水压力阶段的应力重分布和应力集中现象；对静态摩擦、临界动态摩擦以及滑动摩擦引起的模型变化提供了准确的预警信息；对裂纹的萌生、扩展和贯通以及模型最终破坏提供了不同模式的前兆信息；在图像特征中清楚地描绘了巷道断面的结构变化，包括左右两帮向巷道临空面移动、顶板弯曲下沉以及底鼓。说明新开发的形态学增强滤波器 MIF 对红外图像质量有明显的提高，可以更深刻地认识到水平岩层地质力学模型巷道岩体的破坏机制。

　　分析表明，新红外图像对岩石破坏的前兆预警是非常准确的：红外图像能够对岩石破坏过程中涉及剪切、摩擦和压缩的裂纹扩展提供前兆预警，有强烈的热力耦合机制；新开发的形态学增强滤波器通过与灰度成反比的比例因子放大了图像的峰值，同时不干扰图像背景，因此在保留巷道断面边界的同时温度场的微小变化都是可以解读的。但是红外图像不能探测具有弱热力耦合机制效应的张开裂纹的几何细节，所以在分析的过程中需要与模型照片进行对比，以便从宏观的视觉角度探测模型巷道在外荷载作用下的变化特征。红外图像特征和应变曲线对比分析可以看出，在外荷载变化时巷道围岩都会发生明显的突变现象；而对于应变变化来讲，两帮和底板的应变变化明显要大于顶板的变化，说明巷道两帮及底板的软弱煤层部位受外荷载的影响较大。

本书成功将红外热成像技术应用于大尺度地质力学模型实验探测，解决了热弹性与热塑性的识别问题，得到了水平岩层和45°倾斜岩层巷道在外荷载作用变形破坏特征，研究成果对复杂岩体结构的力学行为与破坏机理认识具有重要意义。无论是现场工程地质体的探测还是实验室大尺度物理模型的探测，红外热成像技术都具有广泛的应用前景。

6 45°倾斜岩层巷道红外探测应用分析

6.1 45°倾斜岩层巷道破坏特征

采用大尺度地质力学模型实验进行 45°倾斜岩层巷道的稳定性研究，在实验过程中使用红外热成像仪进行实时监测。加载路径分为 14 个加载阶段（见图 3-9），把上述 14 个加载阶段分成两组：低加载速率的 A~G 加载阶段和高加载速率的 H~N 阶段。结合先进的红外图像处理和傅里叶频谱，分析 45°倾斜岩层地质力学模型破坏过程中岩体的响应机制。

图 6-1 显示了 45°倾斜岩层地质力学模型上施加水平荷载和垂直荷载时的平均红外辐射温度与时间变化关系曲线。其中，实线代表平均红外辐射温度，短点划线代表垂直荷载 σ_y，点线代表水平荷载 σ_x。可以看出，荷载通过梯形加载方式渐进增加，各级加载阶段分别标记为 A~N 并与表 3-7 中的应力状态一一对应。根据地应力测量的普遍结果，越靠近地表时水平地应力越大，此时水平应力往往大于垂直应力；而当埋深增大到一定程度时，水平应力和垂直应力开始接近，最

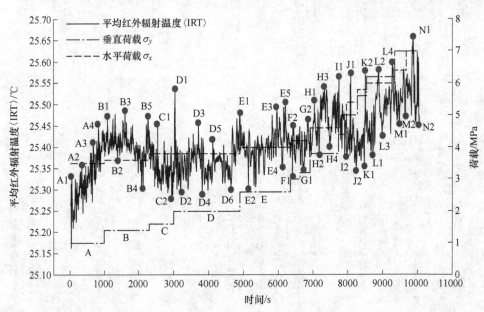

图 6-1 加载路径及平均红外辐射温度随时间变化曲线

终形成静水压力状态。本次地质力学模型实验加载路径就是按照上述普遍认识设计的。

在第一加载阶段 A（$\sigma_x = 3.5$，$\sigma_y = 1\mathrm{MPa}$）时侧压力系数 $\lambda = 3.5$，是最大的侧压力系数。从图 6-1 中的平均红外辐射温度曲线可以看出，曲线在 A 级加载阶段呈线性增加。然后，水平荷载 σ_x 和垂直荷载 σ_y 稳步增加，但是垂直荷载的增加幅度比水平荷载大。相应地，侧压力系数 λ 从 A 阶段的 3.5 降低到 K 阶段（5.8，5.6MPa）的 1.04，接近于静水压力加载状态。当进行到 L 级加载阶段（6，6.2MPa）时，水平荷载小于垂直荷载，此时的侧压力系数 $\lambda = 0.97$；在 M 级加载阶段应力状态为（6.4，7MPa），侧压力系数 $\lambda = 0.91$；最后 N 级加载阶段的应力状态为（1，1MPa），侧压力系数 $\lambda = 1$，这时的应力状态才是真正的静水压力状态。

从图 6-1 中可以看出，在 A 级加载阶段中平均红外辐射温度曲线呈现线性增加之后就开始上下摆动，并且从 B 级加载阶段一直摆动到最后的 N 级加载阶段。平均红外辐射温度曲线的摆动揭示了 45°倾斜岩层地质力学模型的黏滑运动性质。平均红外辐射温度曲线的峰值代表了对应于临界静态摩擦的黏性阶段，此时有明显的能量释放；相反，平均红外辐射温度曲线的谷值代表了剪切应力超过剪切强度时的滑移阶段，与动态摩擦引起的岩石膨胀变形相对应，此阶段导致已有的裂纹沿着层理面张开、经受拉伸而断裂滑移最终引起应力松弛。虽然平均红外辐射温度曲线的摆动大小是没有规律的，但是可以观察到随着加载的增加其摆动周期在不断减小（相当于增加了摆动频率）。它表示在高应力场下摩擦滑动引起破坏的剧烈程度增加。

在整个实验过程中，我们用数字摄像机拍摄了地质力学模型巷道在加载阶段的整个变化过程，并从视频中截取了能够反映地质力学模型变化的一系列模型照片，45°倾斜岩层地质力学模型巷道变形破坏过程大致可以分为三个阶段，即模型压密阶段、裂纹发育阶段和全面破坏阶段，各阶段的模型照片如图 6-2~图 6-4 所示。图 6-2 反映了在初始加载阶段地质力学模型发生的一系列变化：图 6-2（a）是巷道构建完成后的照片，此时巷道断面整齐，巷道四周红色胶带圈出的方框用来表征巷道顶底板及左右帮的平整度；从图 6-2（b）中可以看出巷道顶底板用红色胶带圈出的方框已经不再平直，说明在外荷载及模型本身自重所用下巷道出现顶底板弯曲现象，此时模型处于压密阶段，模型内部单元板之间发生强烈的静态摩擦，导致微裂纹的孕育；从图 6-2（c）可以看出由于巷道内部微裂纹贯通汇合导致巷道表面汇聚成一条肉眼可见的纵向裂纹，说明在外荷载作用下微裂纹发育迅速。

图 6-3 反映了在进一步加载的过程中地质力学模型的裂纹扩展变化。从图 6-3（a）中可以看出巷道顶板首次出现断裂，说明巷道顶板处汇聚了大量的集中

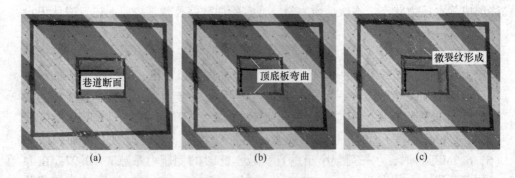

图 6-2　地质力学模型压密阶段

应力从而导致顶板发生断裂，并且图 6-2（c）中的纵向裂纹变得更加清晰；从图 6-3（b）中可以看出在外荷载作用下巷道左帮不断向临空区推进，导致顶板处的裂纹进一步发育扩展；从图 6-3（c）中可以看出由于顶板的断裂及巷道左帮向临空区的位移导致左帮岩体发生离层现象，并且巷道顶板处靠近左帮位置的岩体发生破坏现象。

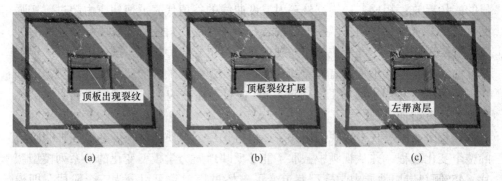

图 6-3　裂纹扩展阶段

　　图 6-4 是地质力学模型全面破坏阶段的照片，该阶段反映了在高应力水平作用下地质力学模型的破坏过程。从图 6-4（a）中可以看出巷道左帮水平方向上又出现了一条横向裂纹，该横向裂纹与图 6-2（c）中形成的纵向裂纹垂直。还可以观察到巷道左帮离层现象更加明显，使得左帮岩层单元板翘起。左右两帮向临空区位移较大，导致巷道断面收缩严重。从图 6-4（b）中可以看出在外荷载作用下顶板断裂加剧并且有部分剥离垮落，图 6-2（c）中的垂直裂纹从巷道顶部垂直向下贯通形成较大的穿层裂纹；从图 6-4（c）中可以观察到水平方向上的横向裂纹继续扩展贯通成一条较大的穿层裂纹，巷道垂直方向上的纵向裂纹继续向下贯通至巷道底部，巷道两帮向临空区滑移导致巷道断面收缩严重，最终难以满足使用要求而破坏。

图 6-4　全面破坏阶段

在 6.2 ~ 6.11 节中将要分析 A ~ N 级加载阶段中平均红外辐射温度曲线上红色实心点标记出的主要峰值及谷值（见图 6-1）和与其相应的红外图像及傅里叶频谱。本章中使用的所有红外图像与第 5 章中的红外图像一样，按照红外图像运算处理步骤进行图像降噪和图像增强处理，经过处理后的红外图像具有很好的视觉效果。本章中红外图像的分析规则与 5.1 节中的四条分析规则一致，傅里叶频谱分析中使用的术语在 4.4.3 节中有详细介绍。

6.2　应力 A 的红外图像及频谱分析

第一加载阶段 A 的应力状态是（$\sigma_x = 3.5$，$\sigma_y = 1\mathrm{MPa}$），并且相应的侧压力系数 $\lambda = 3.5$。由于施加的水平荷载比垂直荷载高很多，从而构建了构造应力占主导地位的应力状态，因此巷道围岩体将会处于高度不平衡的应力场下。A1 点是平均红外辐射温度曲线在 A 加载阶段的第一个峰值，该点表明此时有显著的能量释放。图 6-5 中给出了 A1 点的红外图像和傅里叶频谱。红外图像（图 6-5（a））是施加荷载后立刻采集到的第一帧红外图像，在红外图像中呈现出无规则散射均匀分布模式的高、低红外温度点揭示了如下事实：（1）地质力学模型的响应是弹性的；（2）在初始加载阶段地质力学模型没有破坏。为了探索不同岩性的各向异性行为，在红外图像（图 6-5（a））中用黑色实线标记出与实际地质力学模型成像区域（图 3-11（a））对应的巷道断面和各层岩性。巷道断面在第四层煤层中，第四层煤层也是最厚的煤层，在下面各节中称之为主要煤层。

在水平傅里叶频谱（图 6-5（b））中有两个幅值较小的主要分量，其频率分别是 2.4Hz 和 3Hz，代表两个应力波在水平方向上传播。在垂直傅里叶频谱（图 6-5（c））中有三个主要分量，其频率分别是 2.3Hz、2.5Hz 和 2.73Hz。对 A1 的频谱分析总结如下：（1）傅里叶频谱对外加荷载更加敏感，并且应力变化很容易通过主要分量探测；（2）水平频谱和垂直频谱中主要分量的幅值都很小，正

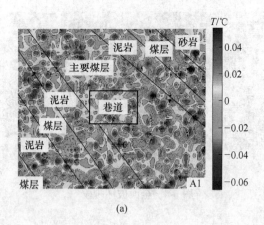

(a)

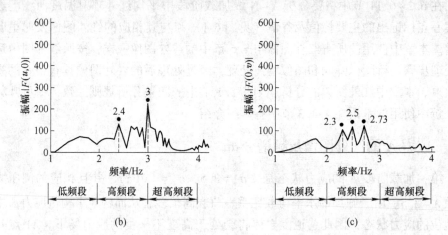

(b)　　　　　　　　　　　　　　　　　(c)

图 6-5　IRT 曲线中 A1 点的红外图像和傅里叶变换

(a) 红外图像 A1；(b) 水平频谱 $F(u)$；(c) 垂直频谱 $F(v)$

（用黑点表示的峰值是主要分量）

如红外图像（图 6-5（a））可见，A1 状态时的外荷载并没有引起岩石的显著破坏。

A2 点是平均红外辐射温度曲线线性阶段的第二个峰值点，图 6-6 显示了 A2 点的红外图像和傅里叶频谱。在红外图像（图 6-6（a））中红外温度仍然是无规则的散射分布，但是这些分布表现出非对称性。高红外温度主要集中在右半平面并呈现出一个带状形式，暗示岩层之间正发生不太剧烈的静态摩擦。应当注意的是，位于右半平面较低位置的主要煤层首先受力。岩体的各向异性是由于地层结构的不对称性和高构造应力产生的。在水平频谱中（图 6-6（b））有 5 个主要分量，其中 4 个主要分量位于高频段，另外一个幅值非常小的主要分量位于低频段，其频率是 1.52Hz。这些主要分量说明在荷载增加的过程中引起了更多水平应力波传播的事实。在垂直频谱中（图6-6（c））只有两个主要分量，并且其中幅值较小的主要分量在低频段，其频率是 1.39Hz。通过比较两个傅里叶频谱，可以获知的是高水平应力在水平方向上会引起更多的正弦应力波。

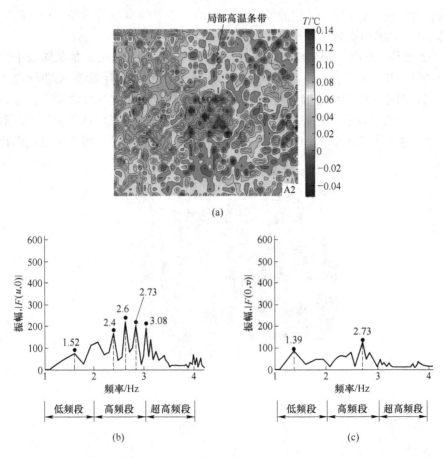

图 6-6 IRT 曲线中 A2 点的红外图像和傅里叶变换
（a）红外图像 A2；（b）水平频谱 $F(u)$；（c）垂直频谱 $F(v)$

在这里提出频移的概念，顾名思义，频移是指一些主要频率从高频段移动到低频段的特别现象。频移意味着材料即将要发生明显的破坏。Read 等[189]报道了从实验室三轴实验探测到的一系列砂岩试件的声发射（AE）频谱分析与研究，他们的研究结果表明主要分量到达峰值应力之前是高频的并且同时具有低幅值，然而在峰值应力之后幅值增加了一个数量级并且频率向低频段转移。频移的现象已经被很多学者在关于前兆预警的研究报告中提及，例如，Lu C P 等[190]从现场岩爆现象、Shen B[191]根据顶板垮落瞬间以及 Philip M B[192]在实验室模拟岩爆中都有频移现象的发生。通过观察 A2 的频谱发现在 A2 的水平频谱上 1.52Hz 处有一个低频分量，与此同时在 A2 的垂直频谱上 1.39Hz 处也有一个低频分量。它们等同于频谱 A1（图 6-5（b）和图 6-5（c））中高频段的主要分量移动到频谱 A2 中的低频段内（图 6-6（b）和图 6-6（c））。因此频移现象在两个频谱中存在，值得注意的是，在频谱 A2 中的低频分量移动的幅度没有显著增加。相应的红外图像 A2 中预测的断裂破坏没有看起来那么严重。

A3 点是平均红外辐射温度曲线的第三个峰值点，表示在 A 加载阶段中弹性能量的进一步积累，图 6-7 显示了 A3 点的红外图像和傅里叶频谱。从图 6-7（a）中的红外图像可以看到更加突出的条带状高红外温度分布在主要煤层中，这表明岩层之间发生了较强的静态摩擦。然而整体红外温度仍然是以散射无规则的形式分布的，这表明了模型的弹性响应。从图 6-7（b）中的水平频谱也可以观察到频

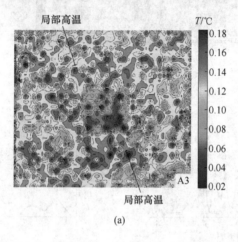

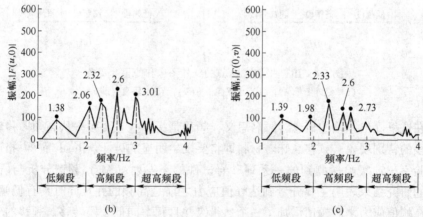

图 6-7　IRT 曲线中 A3 点的红外图像和傅里叶变换

（a）红外图像 A3；（b）水平频谱 $F(u)$；（c）垂直频谱 $F(v)$

移现象，例如频率为 1.38Hz 的分量，但是其幅值依然很小，表明在水平方向上有轻微的断裂发生。从图 6-7（c）中的垂直频谱中可以看出主要分量从 A1 中的 3 个增加到 5 个，表明由于裂纹发育引起垂直传播的弹性波在数量上有所增加。

点 A4 是平均红外辐射温度曲线在 A 加载阶段的最后一个峰值，表示热弹性响应阶段的结束。图 6-8 显示了 A4 点的红外图像和傅里叶频谱。图 6-8（a）中的红外图像表明由于应力集中导致高红外温度的分布呈现出不对称性，证明岩石的行为具有强烈的各向异性；而条带状的红外温度分布揭示了层状岩体层理面之间的摩擦受到外荷载作用的影响；需要注意的是，散射状的红外温度分布在图像的右上部分，但是在红外图像左下部分的高红外温度是局部分布的，表示岩层之间的摩擦造成了塑性变形。从图 6-8（b）可以看出，水平频谱有 4 个幅值相对较高

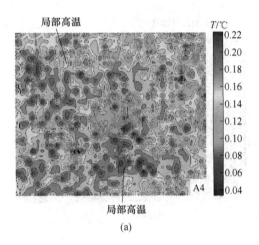

(a)

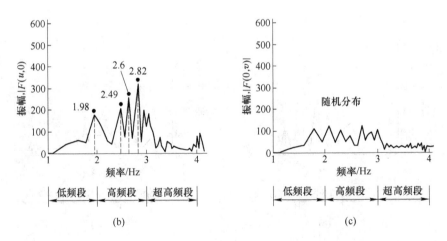

(b)　　　　　　　　　　　　　　　(c)

图 6-8　IRT 曲线中 A4 点的红外图像和傅里叶变换

（a）红外图像 A4；（b）水平频谱 $F(u)$；（c）垂直频谱 $F(v)$

的主要分量，并且其中三个位于高频段，另外一个位置非常靠近高频段。从图 6-8
(c) 可以看出，垂直频谱有多个幅值几乎相同的低振幅峰值，这意味着在垂直频谱
中没有主要分量。A4 的频谱模式表明，由于水平应力的增加在水平方向上产生的
应力波承载相对较高的传播能量；而垂直频谱的随机分布揭示了应力重分布。

6.3　应力 B 的红外图像及频谱分析

在 B 级加载阶段，水平荷载从 3.5MPa 增加到 3.6MPa，垂直荷载从 1MPa 增
加到 1.4MPa，并且 B 阶段的侧压力系数（$\lambda = 2.57$）比第一加载阶段 A 的侧压
力系数小很多。B1 点是平均红外辐射温度曲线在 B 加载阶段的第一个峰值点
（见图 6-1），表明由于摩擦引起的明显的能量释放。图 6-9 是 B1 点的红外图像

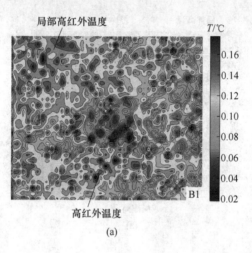

(a)

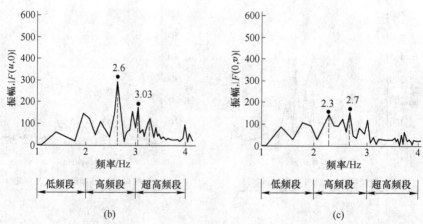

(b)　　　　　　　　　　　　　　　　　(c)

图 6-9　IRT 曲线中 B1 点的红外图像和傅里叶变换

（a）红外图像 B1；（b）水平频谱 $F(u)$；（c）垂直频谱 $F(v)$

和傅里叶频谱，在红外图像（图 6-9（a））中的红外温度分布模式呈现为高温主要集中在左上角的主要煤层中，而红外图像的其他位置呈现出红外温度的散射分布，表明模型从弹性变形到塑性变形的转变。在水平频谱中（图 6-9（b）），主要分量位于 2.6Hz 处并且具有最大幅值，该主要分量是预测即将发生的主要断裂的前兆分量。在垂直频谱中（图 6-9（c））主要分量位于 2.3Hz和 2.4Hz 处并且具有低幅值，这两个主要分量也揭示了在垂直方向上将要发生的断裂。

B2 点是平均红外辐射温度曲线上 B1 点之后的一个谷值，揭示了由于岩层的滑移和已有裂纹的张开引起的应力松弛。图 6-10 是 B2 点的红外图像和傅里叶变换，在红外图像（图 6-10（a））中有一个细带状的高红外温度在巷道下方出现，揭示了层理面之间激烈的静态摩擦。巷道右侧的低红外温度区域表示岩层之间局

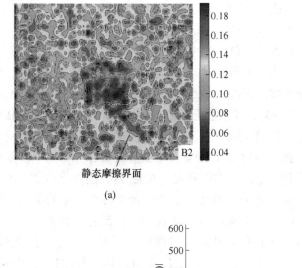

(a)

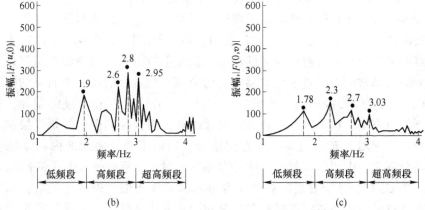

图 6-10　IRT 曲线中 B2 点的红外图像和傅里叶变换
（a）红外图像 B2；（b）水平频谱 $F(u)$；（c）垂直频谱 $F(v)$

部滑移后造成了应力松弛。在水平频谱（图 6-10（b））中有四个主要分量，其中一个位于 1.9Hz，落在低频段，其他三个分别位于 2.6Hz、2.8Hz 和 2.95Hz，都落在了高频段。水平频谱中的主要分量是频移现象的表现，表示在水平方向上有一个较大的断裂发生。在垂直频谱（图 6-10（c））中也有四个主要分量，其中一个位于 1.78Hz，落在低频段，其他三个分别位于 2.3Hz、2.7Hz 和 3.03Hz，落在了高频段或超高频段。这些主要分量也是频移的结果，表明垂直应力引起了裂纹发育。

6.4 应力 C 的红外图像及频谱分析

在 C 级加载阶段，水平荷载从 3.6MPa 上升到 3.8MPa，垂直荷载从 1.4MPa 上升到 1.6MPa，并且侧压力系数 λ 下降为 2.38。点 C1 是在 C 级加载阶段平均红外辐射温度曲线上的第一个峰值，说明会有一个明显的能量释放发生。图 6-11 是 C1 点的红外图像和傅里叶频谱，在红外图像（图 6-11（a））中，主要煤层中的局部红外温度升高表明强烈的静态摩擦和大变形。与此同时，巷道的左右帮和底板位置的大尺度局部红外温度区域代表塑性破坏。在红外图像的下部位置，低红外温度区域代表局部滑移，高、低红外温度之间的边界表征滑移面。地质力学模型中煤的单轴抗压强度（UCS）和弹性模量（E）分别是 3.54MPa 和 0.81GPa（见表3-4），而泥岩的单轴抗压强度和弹性模量分别是 4.5MPa 和 2.28GPa。由于煤岩模型比泥岩模型软很多，所以煤层容易变形并且将遭受更强的摩擦作用。在水平频谱（图 6-11（b））中有 4 个主要分量，并且第一主要分量位于 2.65Hz，是一个前兆预警分量，预测即将发生的断裂。在垂直频谱（图 6-11（c））只中有一个主要分量，位于 2.71Hz，它也是断裂即将发生的前兆预警分量。

点 C2 是平均红外辐射温度曲线中 C1 点之后的谷值，它是应力松弛的结果。图 6-12 是 C2 点的红外图像和傅里叶频谱，对于 C 加载阶段，平均红外辐射温度曲线上的点 C2 是一个主要的谷值。从红外图像（图 6-12（a））中可以看出红外温度分布被分割成明显的高温、低温条带，并且这些红外温度条带之间的分割面非常明显，这表明岩层之间的摩擦滑动将会引起一个明显的断裂发生。C2 点的红外图像和前面分析各点的红外图像之间存在明显的差异，是因为以下两点事实：（1）在 A、B 加载阶段的红外图像序列中，主要煤层和其他煤层的红外温度分布呈现高红外温度条带，揭示了岩层之间的内在摩擦和变形，与此同时，泥岩层的红外温度分布基本上呈现出低红外温度条带；（2）在红外图像 C2 中，所有煤层的红外温度分布都呈现出低红外温度条带，而泥岩层呈现高红外温度条带，即红外温度分布模式发生逆转，表示煤层经过滑动后引起应力消除变形。

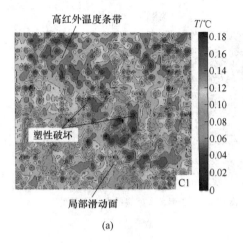

(a)

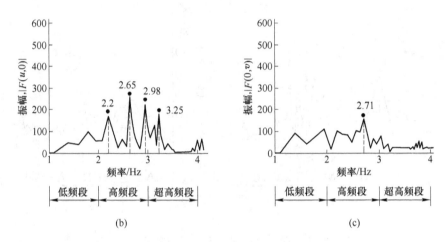

(b)　　　　　　　　　　　　　　　　(c)

图 6-11　IRT 曲线中 C1 点的红外图像和傅里叶变换

(a) 红外图像 C1；(b) 水平频谱 $F(u)$；(c) 垂直频谱 $F(v)$

在水平频谱（图 6-12（b））中一共有七个主要分量，在这些主要分量中：具有最大幅值的第一主要分量同时具有最小频率，为 1.38Hz；第二主要分量具有第二小频率 1.99Hz；还有 4 个主要分量落在高频段，最后有一个主要分量落在超高频段，并且频率是 3.18Hz。主导频率是 1.38Hz 和 1.99Hz，在水平频谱中低频段的主导频率是频移的表现，表明由于滑移引起了主要裂纹发育，而高幅值分量代表高能应力波在水平方向上的传播。在垂直频谱（图 6-12（c））中有两个中等幅值的主要分量，其中一个频率是 1.8Hz，落在低频段，另一个位于 2.71Hz，落在高频段，它们表明应力波在垂直方向上的传播。

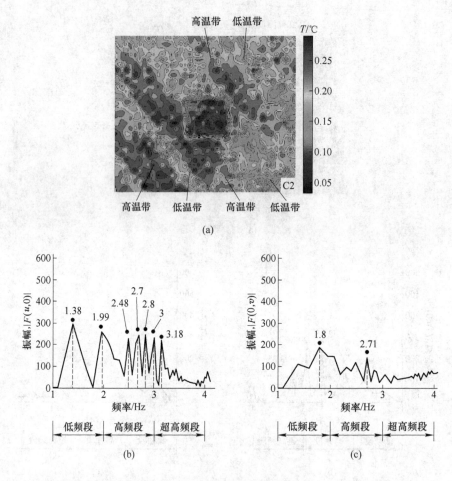

图 6-12　IRT 曲线中 C2 点的红外图像和傅里叶变换
（a）红外图像 C2；（b）水平频谱 $F(u)$；（c）垂直频谱 $F(v)$

6.5　应力 D 的红外图像及频谱分析

在 D 级加载阶段水平荷载是 3.8MPa，垂直荷载是 2MPa，此时的侧压力系数 λ 下降到 1.9。D1 是平均红外辐射温度曲线在加载阶段 I 之前最高的峰值点，表明显著的能量释放发生。图 6-13 显示了 D1 点的红外图像和其傅里叶变换，在红外图像（图 6-13（a））中，高红外温度几乎遍布在整个图像中，揭示了由于临界静态摩擦引起的应力集中。值得注意的是，高红外温度分布使得主要煤层再一次被强调。在水平频谱（图 6-13（b））中，只有一个单一的具有高幅值的主要分量位于 3Hz 且落在高频段，揭示了即将发生的主要断裂。在垂直频谱（图 6-13（c））中，有两个主要分量，它们的频率分别是 2.3Hz 和 2.7Hz。究其原因，选择单一的高幅值主要分量及高频段分量是因为前兆分量应当与即将发生的主要破坏有关联，从水平频谱中可以看出以下事实：（1）频谱模式是异常的；（2）构造应力场占主导地位，并且可能会引起异常的应力波分量。

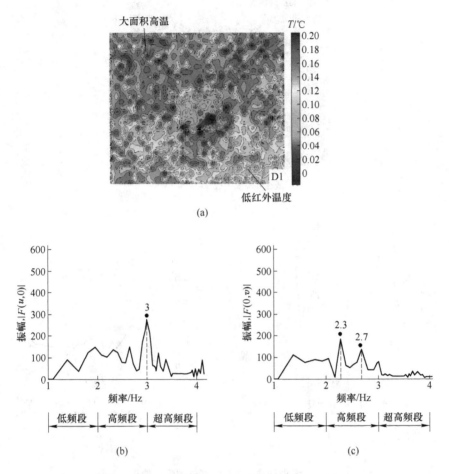

图 6-13　IRT 曲线中 D1 点的红外图像和傅里叶变换
（a）红外图像 D1；（b）水平频谱 $F(u)$；（c）垂直频谱 $F(v)$

　　点 D2 是平均红外辐射温度曲线上 D1 点之后立刻出现的一个谷值，表示应力松弛效果。图 6-14 显示了点 D2 的红外图像和傅里叶变换。与图 6-13（a）正好相反，在 D2 点的红外图像（图 6-14（a））中，低红外温度几乎遍布在整个图像中，这表明岩层之间的滑移引起了应力松弛。在图像左上角出现的高红外温度带，代表主要煤层内部岩体发生了激烈的摩擦。在水平频谱（图 6-14（b））中，有三个具有超高幅值的主要分量，其中低频带的两个频率分别是 1.3Hz 和 1.93Hz，因此它们是主导频率。垂直频谱（图 6-14（c））的光谱模式属于连续谱，因此垂直频谱中没有主要分量存在。水平频谱中的频移现象揭示了明显的能量释放和滑动摩擦破坏引起的严重岩石损伤。

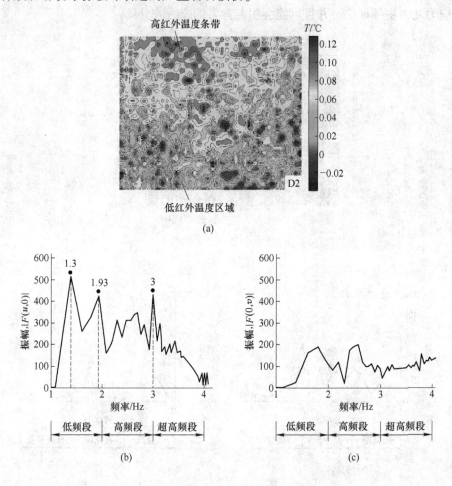

图 6-14　IRT 曲线中 D2 点的红外图像和傅里叶变换

（a）红外图像 D2；（b）水平频谱 $F(u)$；（c）垂直频谱 $F(v)$

　　从加载阶段 E 到加载阶段 I 之间没有明显的红外图像特征变化和傅里叶频谱变化。也就是说，它们的特征可以根据前面各加载阶段中列出的图 6-5～图 6-14 中的红外图像和傅里叶频谱来推理理解。因此为了简明起见，加载阶段 E 到加载阶段 I 过程中相应的红外图像和傅里叶频谱特征就不再进行详细分析论述。

6.6　应力 J 的红外图像及频谱分析

　　在 J 级加载阶段水平荷载为 5.4MPa，垂直荷载为 5MPa，并且侧压力系数 λ 降低到 1.08，接近于静水压力状态。从 J 级加载阶段一直到最后的 N 级加载阶段，地质力学模型都处在高水平外荷载作用下，摩擦滑动引起的破坏变得比前面各级加载阶段更加猛烈。点 J1 是 J 级加载阶段平均红外辐射温度曲线（见图6-1）上的第一个峰值点，表示局部最大的能量释放。图 6-15 是点 J1 的红外图像和傅里叶频谱，在红外图像（图 6-15（a））中局部大尺度的高红外温度条带说明了临界静态摩擦作用，而局部低红外温度区域则代表了潜在滑动面。在水平频谱（图 6-15（b））中有三个具有较大幅值的前兆分量，落在低频段的频率是1.93Hz，落在高频段的两个频率分别是 2.7Hz 和3Hz，这些前兆分量预示着破坏即将发生。J1 点的频谱特征与加载阶段 A ~ D（图 6-5 ~ 图 6-14）的频谱特征不同，前面各阶段的前兆分量大部分落在高频段，而 J 加载阶段中前兆分量开始落入低频段，就像图 6-15（b）中位于 1.93Hz 的前兆分量。在垂直频谱（图 6-15（c））中有两个主要分量，其频率分别是 2.3Hz 和 2.9Hz，它们也都是前兆分量。

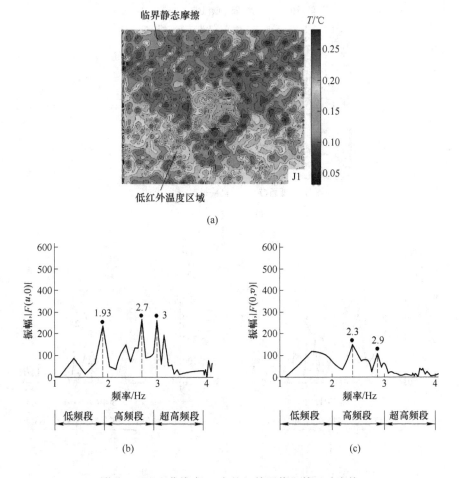

图 6-15　IRT 曲线中 J1 点的红外图像和傅里叶变换

（a）红外图像 J1；（b）水平频谱 $F(u)$；（c）垂直频谱 $F(v)$

　　点 J2 是平均红外辐射温度曲线上 J1 点之后立刻出现的一个谷值，该谷值表征了由于岩层滑移而产生的应力释放效果。图 6-16 显示了点 J2 的红外图像和傅里叶频谱。在红外图像（图 6-16（a））中呈现高温带和低温带交替出现的红外温度分布模式，红外图像 J2 的显著特征是主要煤层的上覆泥岩层和下部泥岩层都呈现出高红外温度带，这种温度分布模式表示主要煤层的上下泥岩层都在发生大变形和激烈的内在摩擦。然而，红外图像的右下方依然呈现散射分布的低红外温度。高温带和低温带之间的边界是岩层内部的薄弱面，摩擦滑动主要在薄弱面上进行。水平频谱（图 6-16（b））中有 6 个主要分量并且主导频率是 1.4Hz 和 1.9Hz，主导频率都在低频段。垂直频谱（图 6-16（c））中有 5 个主要分量，并且其中 4 个都落入高频段，另外一个落入超高频段。傅里叶频谱表明岩层的滑动引起应力波在水平方向和垂直方向上都发生传播，并且水平应力波具有较高的强度。

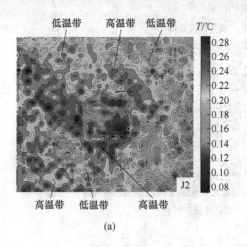

(a)

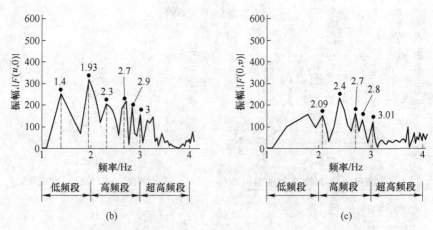

(b)　　　　　　　　　　　　　　　　(c)

图 6-16　IRT 曲线中 J2 点的红外图像和傅里叶变换

（a）红外图像 J2；（b）水平频谱 $F(u)$；（c）垂直频谱 $F(v)$

6.7 应力 K 的红外图像及频谱分析

在 K 级加载阶段水平荷载是 5.8MPa，垂直荷载时 5.6MPa 且侧压力系数 λ 降低至 1.04，此时大致相当于静水压力状态。在 K 级加载阶段以后，由于高地应力作用使巷道围岩变得非常不稳定，这在平均红外辐射温度曲线（见图 6-1）中可以证明，即在 K 级加载之后曲线上立刻出现了一个突降。在加载阶段 K 中的红外温度突降记作 K1，在施加荷载之后曲线立刻发生突降，表示岩层滑移引起了应力松弛。图 6-17 显示了 K1 点的红外温度和傅里叶频谱。在红外图像（图 6-17（a））中的上半部分呈现局部化分布的高红外温度，表示地层中的岩块之间发生激烈摩擦。与此同时，在巷道右侧帮和底板周围出现的局部高红外温度分布表征岩层滑动后造成的明显破坏。在红外图像的下部存在低红外温度区域，揭示了地层中岩块的松弛。高红外温度区和低红外温度区的边界代表滑动界面。

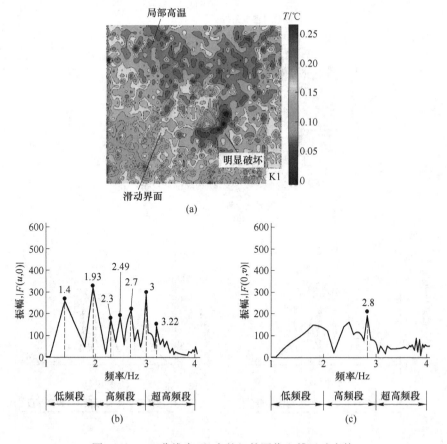

图 6-17　IRT 曲线中 K1 点的红外图像和傅里叶变换

（a）红外图像 K1；（b）水平频谱 $F(u)$；（c）垂直频谱 $F(v)$

在水平频谱（图 6-17（b））中有 7 个主要分量，并且主导频率都在低频段，它们分别是 1.4Hz 和 1.93Hz。通过与上一级加载中 J2（图 6-16（b））的水平频谱对比，可以发现 J2 的主导频率也是 1.4Hz 和 1.93Hz。在垂直频谱（图 6-17（c））中只有一个主要分量，频率是 2.8Hz，图 6-16（c）中的大部分主要分量被过滤掉了。K1 点发生滑动时的频谱模式特征可以概括为：（1）两个连续滑动事件的主导频率是相同的，即它们有相同的"转移频率"。（2）在侧压力系数 λ 接近于 1 时的高应力场下，岩层之间的滑移也能在水平方向上引起更多高强度应力波。

点 K2 是平均红外辐射温度曲线在 K 级加载阶段中唯一的主导峰值，该峰值表征显著的能量释放。图 6-18 显示了 K2 点的红外温度和傅里叶频谱。在红外图像（图 6-18（a））中高红外温度以局部化形式分布在整个上半平面，揭示了直接顶由于负载增加而发生变形；在巷道左右帮和底板处的局部高红外温度分布表

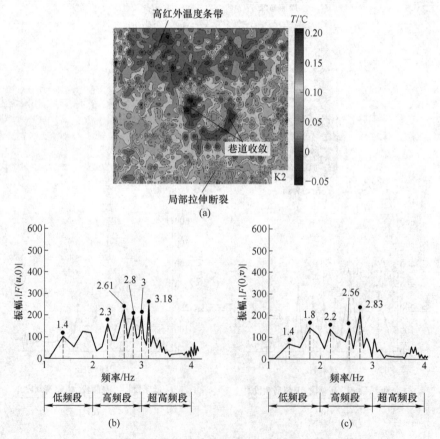

图 6-18　IRT 曲线中 K2 点的红外图像和傅里叶变换

（a）红外图像 K2；（b）水平频谱 $F(u)$；（c）垂直频谱 $F(v)$

征巷道断面收缩和底鼓的发生。在水平频谱（图 6-18（b））和垂直频谱（图 6-18（c））中低频段、高频段和超高频段中都出现了多个前兆分量，揭示了不同尺度的断裂发生。高频段的主要分量较多，也构成了前兆预警信息。

6.8 应力 L 的红外图像及频谱分析

在 L 级加载阶段水平荷载是 6MPa，垂直荷载是 6.2MPa，这是垂直应力第一次大于水平应力，此时侧压力系数 $\lambda = 0.97$。点 L1 是平均红外辐射温度曲线在 L 级加载阶段开始后的一个谷值，代表岩层滑动引起了较大的应力松弛。由于岩体在高地应力场下不稳定的性质，外荷载的增加将会引起较大的岩层滑动。图 6-19 显示了 L1 点的红外图像和傅里叶频谱。在红外图像（图 6-19（a））中存在明显的高低温条带交替出现的红外温度分布，这和点 C2（图 6-12（a））的红外温度分布类似，主要煤层的上覆泥岩层、下部泥岩层都呈现高红外温度条带分布，表

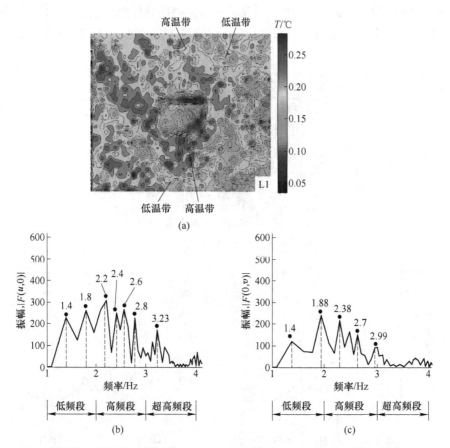

图 6-19 IRT 曲线中 L1 点的红外图像和傅里叶变换

（a）红外图像 L1；（b）水平频谱 $F(u)$；（c）垂直频谱 $F(v)$

征动态滑动和大变形的发生。可以看出，煤层对应于低红外温度条带，泥岩层对应于高红外温度条带，即大部分煤层的红外温度分布都呈现出低红外温度条带而泥岩层呈现高红外温度条带，红外温度分布模式发生逆转，表示煤层经过大变形后应力消除。

　　在水平频谱（图 6-19（b））中可以看出从图 6-18 的频谱到图 6-19 的频谱中关于频移的现象，包括：（1）图 6-18（b）中的 1.4Hz 分量从一个次要分量（具有较小幅值）变成一个主要分量（具有较大幅值）；（2）1.8Hz 的主导频率出现；（3）对于大部分位于高频段和超高频段的主要分量，其幅值增加了。对垂直频谱（图 6-19（c））来说，通过与图 6-18（c）中的垂直频谱进行对比发现没有频移现象。通过傅里叶频谱分析可知，在滑动发生时，水平方向上的断裂更加剧烈。

　　由于 L2 点、L3 点的红外图像特征及其频谱特征和 L1 点相似，所以不再对其进行一一分析，上述 3 个点表明将有一个较大的滑移和明显的能量释放发生。直接分析 L4 点中对即将发生剧烈滑动的一些重要前兆信息。点 L4 是平均红外辐射温度曲线在 L 级加载阶段的最后一个峰值，图 6-20 显示了 L4 的红外图像及其

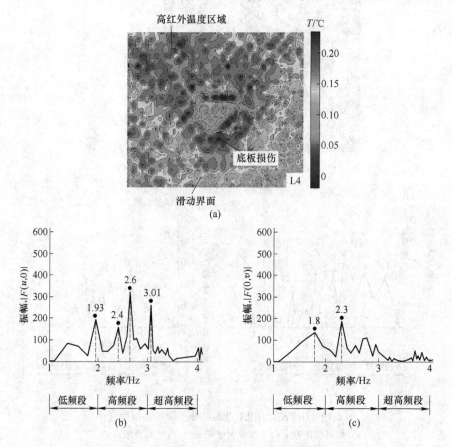

图 6-20　IRT 曲线中 L4 点的红外图像和傅里叶变换

（a）红外图像 L4；（b）水平频谱 $F(u)$；（c）垂直频谱 $F(v)$

傅里叶频谱。在红外图像（图 6-20（a））中可以看出大尺度红外温度分布可以表征应力集中和静态摩擦；与此同时，低红外温度带揭示了已经变形的煤层是潜在滑动界面；底板岩层的严重损伤可以通过局部高红外温度分布表征。在水平频谱（图 6-20（b））中有四个具有相对较高幅值的单峰值主要分量，其中一个在低频段，其频率是 1.93Hz。在垂直频谱（图 6-20（c））中有两个主要分量，并且其中一个在低频段，其频率是 1.8Hz。正如前面的分析，这种频谱模式预示着一个强烈的动态事件即将发生。

6.9 应力 M 的红外图像及频谱分析

在 M 级加载阶段水平荷载是 6.4MPa，垂直荷载是 7MPa，侧压力系数 $\lambda = 0.91$，比 L 阶段的侧压力系数小。点 M1 是施加荷载后立刻出现的第一个谷值，表征将会有一个较大的滑动发生。图 6-21 显示了 M1 点的红外图像和傅里叶频

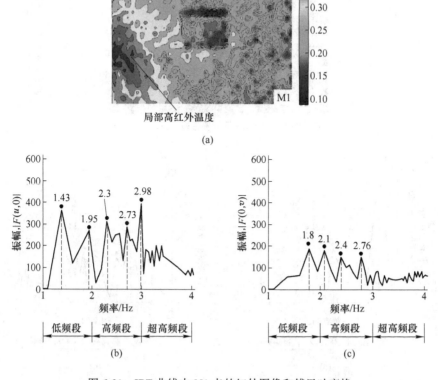

图 6-21　IRT 曲线中 M1 点的红外图像和傅里叶变换

（a）红外图像 M1；（b）水平频谱 $F(u)$；（c）垂直频谱 $F(v)$

谱。在红外图像（图 6-21（a））中红外温度分布是异常的，主要煤层变成了一个低红外温度条带，这揭示了岩层之间发生过强烈的动态滑动；高红外温度条带只存在于红外图像的左下角，揭示了通过岩层之间的剧烈摩擦产生了滑动。与动态滑动事件对应的频移现象是明显的。在水平频谱（图 6-21（b））中有五个具有超高幅值的主要分量位于低频段和高频段，它们的频率分别是 1.43Hz、1.95Hz、2.3Hz、2.73Hz 和 2.98Hz，其中主导频率是 1.43Hz、1.95Hz 和 2.98Hz，表征了剧烈的岩层滑动。在垂直频谱（图 6-21（c））中没有观察到频移现象，但是与图 6-20（c）相比，更多主要分量出现。垂直频谱的频谱特征也表征了岩体的实质性破坏，但是断裂发生的动态程度不是很剧烈。

　　点 M2 是平均红外辐射温度曲线上 M1 点之后的又一个谷值，这两个谷值是在 M 级加载阶段中相邻的岩体滑动的红外热响应。图 6-22 是 M2 点的红外图像和傅里叶频谱。在红外图像（图 6-22（a））中交替出现的高低红外温度条带是

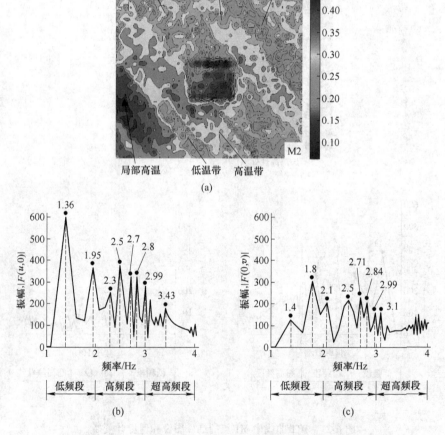

图 6-22　IRT 曲线中 M2 点的红外图像和傅里叶变换

（a）红外图像 M2；（b）水平频谱 $F(u)$；（c）垂直频谱 $F(v)$

非常明显的，这些条带表示地层发生滑动摩擦。另一点值得注意的是，在主要煤层和其他煤层中的红外温度比泥岩层中的红外温度低，这表明由于摩擦滑动破坏引起了煤层的松动。在水平频谱（图 6-22（b））中的频谱模式特征如下：（1）主导频率从图 6-21（b）中的 1.43Hz 进一步移动到 1.36Hz，并且有超高幅值；（2）主导频率为 1.95Hz 的主要分量与图 6-21（b）中 1.95Hz 的主要分量相比，具有更高的幅值；（3）主要分量从图 6-21（b）中的 5 个增加到 8 个，并且它们大部分都有较高的幅值。在垂直频谱（图 6-22（c））中虽然可以观察到频移现象，但不是很突出，例如，可以看到 1.4Hz 的主要分量是明显的，但是其幅值较小。与此同时，主要分量从图 6-21（c）中的 4 个也增加到 8 个，并且这些主要分量具有较高的幅值。傅里叶频谱特征揭示了大部分剧烈的岩石破坏事件都是由于摩擦滑动引起的。

6.10　应力 N 的红外图像及频谱分析

最后的 N 级加载阶段是静水压力状态，此时施加的水平荷载和垂直荷载都是 7MPa，侧压力系数 $\lambda = 1$。点 N1 是 N 级加载阶段平均红外辐射温度曲线上的第一个峰值，说明发生了明显的能量释放。图 6-23 是 N1 点的红外图像和傅里叶频谱。从红外图像（图 6-23（a））中可以看出 N1 点的红外图像具有如下特征：（1）在泥岩层中分布着大尺度高红外温度，即有一个贯通的高温条带平行分布在泥岩层中，揭示了主要断裂已经发育贯通至整个层理面；（2）直接顶位置处的红外图像呈现出深蓝色矩形区域；（3）底板岩层的严重损坏由大尺度局部高红外温度分布表征。在水平频谱（图 6-23（b））中有 4 个主要分量，它们的频率分别是 1.4Hz、1.98Hz、2.65Hz 和 3.08Hz，并且主导频率是 1.98Hz。在垂直频谱（图 6-23（c））中也有 4 个主要分量，它们的频率分别是 1.8Hz、2.1Hz、2.38Hz 和 2.76Hz。

比较图 6-23（b）和图 6-23（c），它们的特征可以归纳为以下两点：（1）在水平频谱中和垂直频谱中分别有 4 个主要分量；（2）在垂直频谱中大部分主要分量的幅值比水平频谱主要分量的幅值高。傅里叶频谱特征揭示了不同岩体的裂纹发育在垂直方向上比在水平方向上更加剧烈这个事实。也就是说，在高水平静水压力状态下，45°倾斜岩层在垂直方向上发生了更强烈的岩体破坏，这与模型照片的分析一致。

N2 点是平均红外辐射温度曲线上的最后一个谷值，代表模型岩体的全破坏引起的应力松弛。图 6-24 是 N2 点的红外图像和傅里叶频谱，从红外图像（图 6-24（a））中可以得到以下信息：（1）细条状的高红外温度分布表示在主要煤层和泥岩层之间有一条平行于层理的倾斜裂纹，该裂纹也揭示了摩擦主要沿着层理面活动；（2）在巷道顶板附近的水平矩形框低温区域表征巷道的顶板发生破

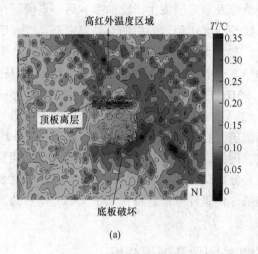

(a)

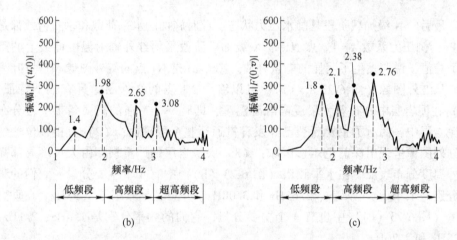

(b)　　　　　　　　　　　　　　　(c)

图 6-23　IRT 曲线中 N1 点的红外图像和傅里叶变换

（a）红外图像 N1；（b）水平频谱 $F(u)$；（c）垂直频谱 $F(v)$

坏；（3）巷道左帮处垂直的矩形低红外温度区域和其旁边的高红外温度区域表征巷道左帮位移引起了巷道断面收缩；（4）红外图像表明巷道底板处也存在大面积岩石损伤；（5）地质力学模型中出现了一条几乎贯通所有层理面的较大裂纹。上述破坏现象与模型照片的分析基本一致，红外温度特征分析揭示了巷道的完全破坏以及巷道围岩体的强度状态。

在水平频谱（图 6-24（b））和垂直频谱（图 6-24（c））中都可以观察到频移现象，主导频率都落在了低频段和高频段。在水平频谱中高频段的主导频率是 3Hz，低频段的主导频率分别是 1.4Hz 和 1.98Hz。在垂直频谱中高频段的主导频

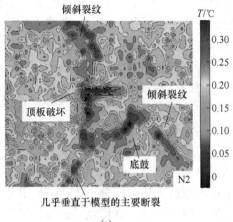

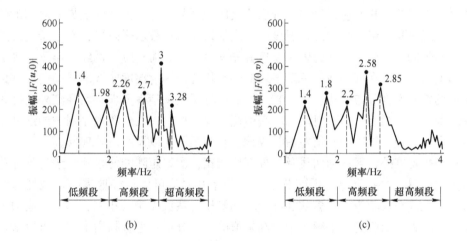

图 6-24 IRT 曲线中 N2 点的红外图像和傅里叶变换

(a) 红外图像 N2；(b) 水平频谱 $F(u)$；(c) 垂直频谱 $F(v)$

率是 2.58Hz，低频段的主导频率分别是 1.4Hz 和 1.8Hz。地质力学模型完全破坏时的频移现象揭示了如下事实：（1）除了大尺度的剧烈破坏之外，微观尺度的岩体开裂也很剧烈；（2）在最后加载阶段岩体破坏的尺度和剧烈程度在水平方向上和垂直方向上几乎是相同的。

6.11 频谱分析讨论

通过分析 45°倾斜岩层巷道在外部载荷作用下的变形破坏过程，包括整个加载过程中的平均红外辐射温度曲线（IRT）、红外图像、傅里叶频谱，得出了 45°倾斜岩层巷道的变形破坏特征。

　　平均红外辐射温度曲线（IRT）在初始加载阶段有一小段线性上升段，然后随着外荷载的进一步施加变成了黏滑震荡模式。曲线上的峰值代表了由于岩层内部岩块之间的静态摩擦和岩层之间的界面摩擦引起的剧烈能量释放。曲线上的谷值代表由于地层在运动过程中发生滑移引起的断裂破坏，进而使得岩体内积聚的应力解除。在高加载水平时黏滑的震荡周期比低加载水平的震荡周期短。在低加载水平阶段，载荷的增加会立刻引起红外温度的升高，即与峰值相对应的明显的能量释放；反之，当加载水平较高时，荷载的增加会立刻引起红外温度大幅度下降，这是由滑动引起的应力解除效果。

　　通过红外图像序列可以很好地解释模型地层的各向异性行为。在初始加载阶段，红外图像的温度呈现出散射无规则的分布模式，揭示此时地质力学模型处于弹性完整状态。在第一加载阶段初期，就可以通过条带状分布的红外温度观察岩石的各向异性行为。在随后的低加载水平阶段中，静态摩擦与平均红外辐射温度曲线的黏滞阶段相对应，岩层内部岩块之间激烈的静态摩擦和地层界面之间的静态摩擦通过高低温交替的红外温度分布表征。在低加载水平阶段，对应于高红外温度条带的煤层由于激烈的内在摩擦首先发生变形，而对应于低红外温度条带的泥岩变形较小。在高加载水平阶段对应于平均红外辐射温度曲线的滑动阶段，此阶段的红外温度分布模式发生反转，即低红外温度条带表征煤层而高红外温度条带表征泥岩，揭示了由于滑动和断裂引起了煤层松动。红外图像序列中的红外温度分布可以很好地表征巷道左右帮收缩、直接顶分离以及底鼓等现象。

　　与平均红外辐射温度曲线及红外图像相比，图像矩阵的傅里叶频谱对外加荷载更加敏感，主要分量（周期分量）的频率和幅值可以很好地表征荷载增加和应力变化。在实验中，大多数加载阶段的侧压力系数 λ 都大于一，即水平应力大于垂直应力。相应的水平频谱中较高幅值的主要分量比垂直频谱中多，可以很好地表征岩体的各向异性。黏性阶段可与平均红外辐射温度曲线的峰值对应，并通过水平傅里叶频谱中具有高幅值落在高频段的单一分量表征。滑移阶段，也就是平均红外辐射温度曲线的谷值，可以通过具有高幅值并落在低频段的主要分量表征，也叫做所谓的频移。这些异常分量可能是即将发生岩石破坏事件的前兆预警信息。

　　平均红外辐射温度（IRT）曲线表征了受载岩体的整体能量释放率。IRT 曲线在 A 级加载阶段有一个小的线性段，然后就以不同的周期和振幅进行无规则震荡，说明急倾斜岩体在压力作用下表现出黏滑行为。外荷载水平和加载速率对 IRT 曲线也有明显的影响：在低荷载水平和低加载速率下，IRT 曲线震荡周期长并且振幅小；反之，在高荷载水平及高加载速率下，IRT 曲线震荡周期短并且振幅大。

　　经过降噪及形态学增强处理后的红外图像通过两种红外温度分布模式能够很

好地表征岩体的力学行为。在低荷载水平阶段，煤层受荷载作用较强所以表现出高红外温度分布，而泥岩层受荷载作用较弱故表现出低红外温度分布。在高荷载水平阶段红外温度分布发生逆转，即泥岩层受到较强的荷载作用而表现出高红外温度分布，煤层受到较弱的荷载作用表现为低红外温度分布。高红外温度分布模式表征岩石的静态层理摩擦，低红外温度分布模式则表征岩石的动态层理摩擦。表明红外热成像仪能够根据热力耦合机制探测涉及岩体变形的摩擦、剪切或压缩等现象。

傅里叶频谱 $F(u)$ 和 $F(v)$ 及其主要分量也可以用来描述模型岩体的变形破坏特征。傅里叶频谱刻画了应力波在岩体中的传播及岩体的损伤程度，主要分量的物理意义是主导频率代表强烈的应力波，剧烈变化的应力波又与宏观尺度的断裂或破坏相对应，预示将会有岩石瞬时断裂或破坏。在地质力学模型变形破坏过程中：低幅值、无主导频率的频谱代表了围岩变形的弹性阶段；高频带上的主导频率代表了岩体的损伤出现，损伤的特征尺度与频率成反比、应力波能量与主导频率的幅值成正比；在超高频段的高幅值主要分量可以作为即将发生的动态层间滑动或断裂的前兆预警信息，还可对正在发生的动态特征进行预测。

红外图像特征和应变曲线对比分析可以看出，在外荷载变化时巷道围岩都会发生明显的突变现象。而对于应变变化来讲，顶板的应变波动明显比两帮和底板的应变波动剧烈，说明巷道顶板的软弱煤层部位受复杂荷载作用后的岩石响应剧烈。与水平岩层变形破坏对比分析可知，45°倾斜岩层巷道变形破坏不但受到外荷载作用的影响，同时也受到岩层倾角的影响。岩层倾斜造成模型内部的摩擦滑动剧烈，从而导致巷道左侧岩体整体向巷道临空区移动。

通过对两种不同角度岩层地质力学模型的红外图像进行比较，获得了更多描述层状岩体结构效应的知识：对水平岩层地质力学模型来说，红外图像的温度以局部化塑性方式分布；对于45°倾斜岩层地质力学模型来说，红外图像中呈现出条带状的局部化温度分布，红外图像中高对比度的条带反映了岩层倾角导致模型发生不稳定摩擦滑动损伤。说明红外图像能直观地反应模型结构效应，同时揭示了地质力学模型在外荷载作用下的变形破坏机制与地层角度有密切关系。

7 红外热成像在流场中的应用

7.1 射流的结构

　　按射流环境介质的不同，常见的水射流形式为淹没射流（工作介质与环境介质均为水）或自由射流（环境介质为空气且无固壁限制）。淹没射流的理论模型可以在自由射流模型的基础上得到。如图 7-1 所示，考虑自由湍射流问题：流体从一缝高为 $2b_0$（对于圆射流 b_0 为喷口半径）的平面缝隙以均匀速度 U_0（射流出口速度）向另一静止空气流体中喷射。由于喷出的流体与周围流体在界面附近形成很大的速度梯度，即不稳定的剪切（或旋涡）层，它能不断地将周围流体卷吸入射流内，使速度沿流动方向不断减小，范围不断扩大。射流是一种极不稳定的流动，大约在雷诺数 $Re = U_0(2b_0)/\nu = 30$ 就开始向湍流过渡了，其中 ν 为流体的运动学黏度。

　　人们对湍射流速度场的所谓三段式结构有了比较一致的认识，如图 7-1 所示：

　　（1）初始段（zone of flow establishment or initial segment）。又分为两个子区，射流离开出口以后，即开始在边界上周围流体混合，但在中心线附近仍保留一个尖劈形的势流区，它的速度仍保持为 U_0，称为势流核或等速度核；势流区以外为混合区（即剪切层），在此区内存在很大的速度梯度，速度沿 y 方向减小，至

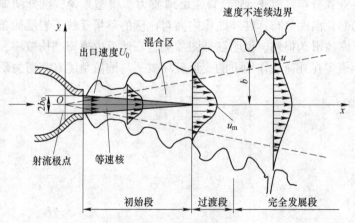

图 7-1　自由射流的结构

界面处减小为零，势流核心区结束的地方也是混合区终结的地方。

（2）过渡段（transitional segment）。这是一个不太长的混合段。中心线上的射流速度 U_0 随着 x 的增加而逐渐减小。对任一横截面，中心线上的速度最大，随着距离 y 的增加，速度不断减小，直至界面处速度变为零。过流段是介于初始段与完全发展段之间，在射流的稳态结构分析中一般予以考虑。

（3）完全发展段或称速度相似段（zone of established flow or main segment）。流体经过流段的充分混合后，即进入完全发展段，这时，沿中心线各横截面上的时均速度剖面出现了一定的相似性，中心线上的速度沿 x 方向继续减小，直至为零时，射流即告终结。通常在出口缝高（$2b_0$ 对于圆射流为喷口直径 d）58 倍距离内即可达到完全发展段。射流完全发展段的外边界线的交点 O 称为射流极点，在由极点发出的射线上各流体质点的时均速度相等，称为等速度线（等值线 Z）。极点可能在喷嘴内部，也可能在喷嘴外部，与喷嘴内流道的几何参数（尺寸）有关。

自由湍射流是具有紊动性的流动，它和周围的无旋流（或静止的流体）之间被间断面相隔离。在剪切层中，横向的时均速度比沿轴向的时均速度小得多，在大多数情况下可以忽略不计。但是，沿轴向的时均参数（如速度）的变化比沿横向的时均参数变化要缓慢得多。其轴向的尺度比横向的尺度大得多。时均压力在横向的变化主要取决于紊动强度的变化，而在轴向的变化取决于周围不受扰动的流体的压力分布。大多数的情况是时均压力沿轴向分布是均匀的（如空气射流射到大气中），所以在计算时均速度分布时，假定时均压力在整个流场（流动范围内）中是均匀的。如果射流是射到大气中，其射流各断面上的时均压力均等于大气压力。

射流的外边界（即间断面）是不稳定的，必定会产生波动，并发展成涡旋，从而引起流体的紊动。间断面的涡旋会把原来周围处于静止状态的流体卷吸到射流中，这就是射流的卷吸现象。随着紊动的发展，被卷吸并与射流一起运动的流体不断增多，射流边界逐渐向两侧扩展，流量沿程增大。由于周围静止流体与射流的掺混，相应产生了对射流的阻力，使射流边缘部分流速降低。射流与周围流体的掺混自边缘向中心发展，经过一定距离后发展到射流中心，自此后射流的全断面上都发展成湍流。射流内边界和外边界之间的区域为边界层，也称为混合区或剪切层。在边界层内由于涡旋的运动使流体质点间产生质量、动量及温度交换。交换的结果是：在射流边界层内产生沿横向的时均速度，沿射流轴向也将产生时均速度的变化。射流边界层横向宽度称为射流边界层厚度，其值用 $2b$ 表示（见图 7-1）。

7.2 射流的理论解

由于射流的横向尺寸远小于纵向尺寸（$y \ll x$），横向速度小于纵向速度

$(v \ll u)$，物理量的纵向梯度远小于横向梯度（$\partial/\partial x \ll \partial/\partial y$），因此，可以运用边界层理论来求解这类问题。在图 7-1 中，将 x 与 y 轴分别取在沿中心线与其垂直方向，它们的时均速度分量分别用 u 和 v 表示。坐标原点取在射流极点，它的具体位置由实验结果确定。半速度宽 $b_{1/2}$ 与中心线的交点如图中所示。这时，射流所应满足的方程组（定常平面湍流边界层方程组）与边界条件为[193]

$$\frac{\partial u}{\partial x} + \frac{\partial v}{\partial y} = 0 \tag{7-1}$$

$$u\frac{\partial u}{\partial x} + v\frac{\partial u}{\partial y} = \frac{1}{\rho}\frac{\partial \tau_t}{\partial y} \tag{7-2}$$

式中，各个物理量为时均量。其中，τ_t 为湍流剪应力，在自由湍流中，仍可采用混合长理论，即

$$\tau_t = -\rho \overline{u'v'} = \rho \nu^t \frac{\partial u}{\partial y} \tag{7-3}$$

边界条件为

$$y = 0: \ u = u_{max}, \ v = 0, \ \partial u/\partial y = 0 \tag{7-4}$$

$$y = \infty: \ u = 0, \ \partial u/\partial y = 0 \tag{7-5}$$

湍流（或涡）的动量扩散率（或系数）为

$$\nu^t = l^2 \left| \frac{\partial u}{\partial y} \right| \tag{7-6}$$

在普朗特混合长理论中，混合长度 l 只能由实验值来确定。在自由湍流中，普朗特假设混合长与湍流混合速度剖面（即射流半宽 b）成正比。汤森（Townsend A A）在圆柱尾流实验中，计算出 $l = 0.4b$；施利希廷（Schlichting H）在实验中得到 $l = 0.4b$。为了使方程组的积分成为可能，就必须借助于半经验假定，找出 τ_t 的补充关系。雷恰特（Reichardt H，1942）和格尔利特（Görtler H，1942）运动尾迹形式的湍流黏性系数，求解了这个问题。自由湍流没有壁面的限制和影响，因此研究射流不能用壁面律而要用尾迹律。于是根据上面的分析得到

$$\nu^t = \alpha b u_{max} \tag{7-7}$$

式中，α 为一由实验确定的常数；u_{max} 为射流轴心线上的纵向速度，即速度剖面的最大值。

下面分析射流半宽 b 和 u_{max} 随 x 的变化规律。根据实验，射流宽度随时间的变化率与横向湍流强度成正比，因此，

$$\frac{\mathrm{d}b}{\mathrm{d}t} \sim \sqrt{\overline{v'^2}} \approx l\frac{\partial u}{\partial y} \tag{7-8}$$

这里，由于 $b = b(x)$，因此，

$$\frac{\mathrm{d}b}{\mathrm{d}t} = u\frac{\mathrm{d}b}{\mathrm{d}x} \sim u_{max}\frac{\mathrm{d}b}{\mathrm{d}x}$$

以及

$$l\frac{\partial u}{\partial y} \sim \frac{l}{b}u_{max} = 常数 \cdot u_{max}$$

将上两式代入式（7-8）可得

$$\frac{\mathrm{d}b}{\mathrm{d}x} = 常数 \quad 或者 \quad b = 常数 \cdot x \tag{7-9}$$

说明射流宽度随 x 线性地增长。

实验中发现，不管射流的速度是多么小，在离开出射点不远的一段距离后，就将变为完全湍流。由于湍流的黏性的同时作用，一部分射流与周围流体混合，并带动周围流体跟它一起向前运动，而射流本身却受到周围流体的阻滞。因此射流在沿 x 轴方向传播的同时也不断地向外扩散，其质量流量和宽度参数均不断增加，而射流的速度却不断减小。但是，由于无外力作用，根据动量守恒原理，通过射流任意截面的总动量是相等的。即射流总动量 J 保持为常数[194]

$$J = \int_{-\infty}^{\infty} \rho u^2 \mathrm{d}A = 常数 \tag{7-10}$$

这个结果也可以对方程（7-2）从 $-\infty$ 到 $+\infty$ 对 y 积分而得到，它是方程非零解的条件。

自由湍流（包括自由射流与尾迹流）具有的共同特点是：它们都不受壁面的限制和影响，流场中的压力分布是均匀的，不存在压力梯度；湍流区域顺流而下逐渐扩大，宽度参数 b 随 x 增加而变宽；在离开发源点一定距离以后，运动开始具有相似性质，即纵向速度分布 u 可以用一个函数来表示，即

$$\frac{u}{u_{max}} = f(\eta) \tag{7-11}$$

式中，$\eta = y/b$；u_{max} 为在截面中心轴线上或在边界上的最大纵向速度值。

利用相似解的概念，可对方程组（7-1）进行求解。由连续性方程（7-1），引入流函数 $\psi(x, y)$：

$$u = \frac{\partial \psi}{\partial y}, \quad v = -\frac{\partial \psi}{\partial x} \tag{7-12}$$

引入无量纲量：

$$\frac{u_{max}}{U_0} = \left(\frac{x_0}{x}\right)^{1/2}; \quad \frac{b}{b_0} = \frac{x}{x_0}; \quad \frac{\nu^{\mathrm{t}}}{\nu_0^{\mathrm{t}}} = \left(\frac{x}{x_0}\right)^{1/2}; \quad \eta = \sigma\frac{y}{x} \tag{7-13}$$

式中，x_0、b_0 和 U_0 分别为 x、b 和 u 的特征值；$\nu_0^{\mathrm{t}} = \alpha U_0 b_0$；$\sigma$ 为任意常数。于是可得：

$$\psi = \int_0^y u \mathrm{d}y = u_{\max} \frac{x}{\sigma} \int_0^\eta f(\eta) \mathrm{d}\eta = \frac{U_0}{\sigma} (x_0 x)^{1/2} F(\eta) \qquad (7\text{-}14)$$

还有

$$u = U_0 \left(\frac{x_0}{x} \right)^{1/2} F'(\eta) \qquad (7\text{-}15)$$

$$v = \frac{U_0}{\sigma} \left(\frac{x_0}{x} \right)^{1/2} \left[\eta F'(\eta) - \frac{1}{2} F(\eta) \right] \qquad (7\text{-}16)$$

式中, $F(\eta)$ 为无量纲流函数。

将 u 和 v 的表达式代入动量方程 (7-2), 可得

$$\frac{\nu_0^t \sigma^2}{U_0 x_0} F''' + \frac{1}{2} FF'' + \frac{1}{2} F'^2 = 0 \qquad (7\text{-}17)$$

边界条件是

$$F(0) = 0, \quad F'(0) = 1 \qquad (7\text{-}18)$$
$$F'(\infty) = 0$$

由于 σ 是任意常数, 故选取

$$\sigma = \frac{1}{2} \left(\frac{U_0 x_0}{\nu_0^t} \right) = \frac{1}{2} \left(\frac{x_0}{\alpha b_0} \right)^{1/2} \qquad (7\text{-}19)$$

于是方程 (7-17) 变成

$$F''' + 2FF'' + 3F'^2 = 0 \qquad (7\text{-}20)$$

利用上述边界条件, 对方程 (7-20) 积分三次, 得到

$$F(\eta) = \mathrm{th}\eta \qquad (7\text{-}21)$$

由式 (7-10)、式 (7-15)、式 (7-16) 以及式 (7-21), 可得

$$u = U_0 \left(\frac{x}{x_0} \right)^{-1/2} (1 - \mathrm{th}^2\eta) \qquad (7\text{-}22)$$

于是, 射流的总动量为

$$J = \int_{-\infty}^{+\infty} \rho u^2 \mathrm{d}y = \frac{4}{3} \rho U_0^2 \frac{x_0}{\sigma} \qquad (7\text{-}23)$$

令 $K = M/\rho$, 再把 $F(\eta)$ 和 J 的表达式代入式 (7-15)、式 (7-16), 得到最终形式的解为:

$$u = \frac{\sqrt{3}}{2} \sqrt{\frac{K\sigma}{x}} (1 - \mathrm{th}^2\eta) \qquad (7\text{-}24)$$

$$v = \frac{\sqrt{3}}{4} \sqrt{\frac{K}{\sigma x}} \left[2\eta (1 - \mathrm{th}^2\eta) - \mathrm{th}\eta \right] \qquad (7\text{-}25)$$

雷恰特 (Reichardt H) 通过实验确定 $\sigma = 7.67$, 图7-2上的虚线是由托尔为

恩（Tollmien W，1926）直接运用普朗特假定 $l \approx \alpha_1 b$ 所求得的结果，其中 α_1 为无量纲常数；图中的实验点是费尔特曼（Förthmann E，1936）的数据。由图 7-2 看出，理论与实验相当符合，而且有

$$\frac{b}{x} \approx 0.23 \approx \tan 13° \tag{7-26}$$

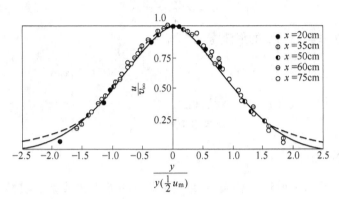

图 7-2　二维射流的速度分布

由 σ 的实测值还可以计算出涡的动量扩散系数 ν^t。式（7-19）可改写为

$$4\sigma^2 = \frac{U_0 x_0}{\nu_0^t} \tag{7-27}$$

对于平面湍射流有[193]

$$u_{\max} \sim x^{-1/2}; \quad b \sim x \tag{7-28}$$

于是可以写出

$$u_{\max} = U_0 \left(\frac{x}{x_0}\right)^{-1/2} \tag{7-29}$$

和

$$b = b_0 \frac{x}{x_0} \tag{7-30}$$

结果有

$$\nu^t = \nu_0^t \left(\frac{x}{x_0}\right)^{1/2} \tag{7-31}$$

将式（7-23）与式（7-25）相除后，可改写为

$$\frac{U_0 x_0}{\nu_0^t} = \frac{u_{\max} x}{\nu^t} \tag{7-32}$$

将式（7-26）代入式（7-21）有

$$\nu^t = \frac{u_{\max} x}{4\sigma_1^2} \tag{7-33}$$

利用式（7-24），令 η 分别等于 0 和 $\eta_{1/2}$，得到

$$u_{\max} = \frac{\sqrt{3}}{2}\sqrt{\frac{K\sigma}{x}}; \ \frac{1}{2}u_{\max} = \frac{\sqrt{3}}{2}\sqrt{\frac{K\sigma}{x}}(1 - \mathrm{th}^2\eta_{1/2})$$

此两式相除后有 $\eta_{1/2} = 0.881$，注意到

$$\eta = \sigma\frac{y}{x} = \sigma\frac{b}{x}$$

并定义 $b_{1/2}$ 为 $u = u_{\max}/2$ 的射流宽度，则有

$$\eta_{1/2} = \sigma\frac{b_{1/2}}{x} \quad \text{或者} \quad b_{1/2} = 0.1114x \tag{7-34}$$

将式（7-28）代入式（7-29），最后得到

$$\nu^{\mathrm{t}} = 0.037 b_{1/2} u_{\max} \tag{7-35}$$

7.3　红外探测

上节中，给出了射流结构及一些关键参数的理论解或基于实验的半经验公式，对于了解湍射流的结构具有重要的意义。然而，这些解是在一些特下的条件下得到的，如要求在射流的完全发展段必须存在相似性等。湍流射流的流体力学基本方程组（7-1）是由纳维-斯托克斯（N-S）方程组经量纲分析，并针对边界层的特点简化而来，具有本质非线性的特点，无法得到其一般意义上的理论解。因此，单单依靠其基本方程来认识射流结构是远远不够的。因此，采用学科交叉的方法，进行流场成像实验研究，一直是认识射流结构与机理的重要方法与手段。

在流场可视化实验方法中，可见光成像是主要方法。目前应用最广泛的是粒子速度成像（particle image velocimetry，PIV）和激光闪斑平面成像（planar laser-induced fluorescence，PLIF）等。主要原理是流体中掺入示踪粒子，通过跟踪粒子来对速度场进行成像。通过流场成像的研究，人们对于湍射流的结构有了较为深入的认识。然而，PIV 与 PLIF 的成像数度[195]与示踪粒子的性能密切相关；同时也难以同流体的能量、能谱这样等统计湍流的方法建立直接的联系。红外热成像技术，是近几十年来发展起来的一项非接触、遥感、实时的探测技术。目前广泛应用的红外热成像仪是通过探测红外波段的电磁辐射，通过红外传感器件转换成反映探测目标温度场的红外图像。根据力-热耦合原理，可以通过红外图像来观测探测目标的能量辐射或结构变化特征。

红外探测的原理可以由斯特藩-玻耳兹曼（Stefan-Boltzmann）定律来说明：

$$M = \varepsilon\sigma T^4 \tag{7-36}$$

斯特藩-玻耳兹曼定律表明：物体在红外谱段辐射通量密度与其绝对温度的四次方成正比。辐射通量密度可以看成是某一瞬时受载物体的能量耗散，通过红外热

成像，可以将其转变为目标的温度场。因此，由红外热成像可以得到探测目标的瞬时辐射能量，反映了内在的力学机制。通过图像分析与处理技术，可以得到目标的能量特征、结构特征、能量谱空间的特征。近二十几年来，红外探测在流体力学领域逐步得到了应用。例如，利用红外热成像对空气动力学流场、边界层分离、混合层的涡旋进行研究，近年来开展了对湍射流流场的红外热成像研究；用傅里叶分析研究红外热像湍流谱空间的尺度律，用高阶谱识别湍流红外图像中的相干结构等。在这里介绍有关利用红外热像仪对湍射流进行红外热成像的实验研究成果。

高压水射流红外探测系统如图 7-3 所示，实验的红外探测装置为 TVS-8100MKⅡ型红外热像仪，该装置已在 3.6.2 节介绍过。为减小周围环境对水射流红外辐射的影响，射流喷嘴放置在一个封闭的暗箱内，纸箱表面涂成黑色，在正对热像仪镜头处开一个正方形孔进行拍摄。实验的环境温度为室温（约 20℃），选择在夜间进行水射流红外热成像

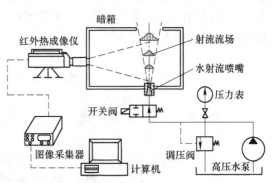

图 7-3　湍射流红外热成像实验系统

实验。射流介质为纯水，经高压水泵加压后通过喷嘴直接射入大气中，水射流喷嘴为圆柱形收敛喷嘴，喷嘴直径为 1mm，收敛角为 30°。射流的压力由调压阀调节，在 0~40MPa 的范围内缓慢增加射流压力，压力值由压力表读出，红外热像仪的拍摄频率设置为 1 帧/s，在增加射流压力的同时，红外热成像仪进行同步探测。

然而，由于红外图像具有低信噪比的特点。特别是应用被动红外成像时，由于没有辅助的热源对探测目标加温，加之环境的辐射与干扰，得到的红外图像大都比较模糊。在下面的讨论中，将直接引用经过滤波去噪后的红外图像。在下面的分析中，用射流压力和雷诺数 Re 作为描述射流动力学过程的基本物理量。射流的雷诺数定义为 $Re = ud/\nu$，式中，d 为喷嘴直径（实验中采用了 1mm 直径的喷嘴）；ν 为 20℃时水的运动学黏度，$1.02 \times 10^{-6}\ m^2/s$；$u$ 为喷嘴出口速度，m/s，根据射流压力由下式计算：

$$u = 44.721\sqrt{p} \qquad\qquad (7\text{-}37)$$

式中，p 为射流工作压力（在实验室条件下近似为泵的工作压力），MPa。

图 7-4 为射流压力为 16MPa，射流速度为 178.9m/s（相应的雷诺数为 175322）时的红外图像，图像由伪彩色来表示温度分布，并由温度标尺给出具体

的数值。图中水平射流深色区域代表高温区域，在此区域内的力-热耦合效应最显著；其他旋涡状深色区域代表低温区，由环境空气组成；其中左上角深灰色涡环状的区域为由射流卷吸作用引起的涡旋运动，高速度旋转的涡线具有最低的温度。与图 7-1 所示的射流结构模型相对比，可知红外热成像较好地显示了湍射流的三段式结构。在射流的初始段（势流区），射流速度最大，压强最低；相应地，初始段的红外温度呈现出较低的水平，温度差别很小，温度分布沿轴线大致相同。在射流的完全发展段，射流沿径向发散、逐渐变宽，射流束的温度分层明显，即射流轴线的温度分布最高，沿径向逐渐降低，在速度不连续边界，温度分布最低。在过渡段，温度分布既没有势流区的单一温度分布的特征，也没有完全发展段的明显的温度分层结构。

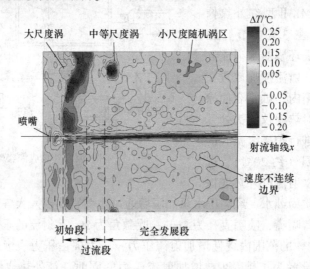

图 7-4　射流压力为 16MPa，射流速度为 178.9m/s（$Re = 175322$）时的红外图像

　　由上面的分析可知，红外热成像很好地表征了湍射流的结构。值得注意的是，红外图像也很好地反映由水射流带动的环境流场。即在速度不连续边界上，由于流体的剪切作用，水破碎成细小的旋转微团，同时带动周围的环境空气，形成了一个由不同尺度涡旋组成的二相流场。由图 7-4 可见，在环境二相流场中，存在着大尺度涡、中等尺度涡，以及由这些涡旋破裂形成的小涡汇集而成的随机湍流区。因此，由红外热成像得到的结果对于认识射流本身的结构，以及射流周围形成的涡旋流具有重要作用。

　　图 7-5 为在不同压力下水射流的红外图像。图 7-5（a）～图 7-5（e）是在射流压力较小（0.3～5MPa）时的湍流场。图 7-5（a）是在射流刚刚启动时的水射流，工作压力为 0.2MPa，射流速度为 10m/s，$Re = 19599$。虽然此时的射流速度很小，但可以明显地看到对上半平面环境空气的扰动，小尺度随机分布的高温区

表明了扰动的存在。图7-5（b）是工作压力为0.6MPa，射流速度为34.64m/s，$Re=33497$时的水射流。由图可见，整个成像平面内，充满了随机分布的小尺度高温涡旋，表明了射流对环境流体的扰动。然而射流为等宽的细射流束，说明此时射流的能量较小，还不足以卷吸周围的流体。图7-5（c）是压力为2MPa，射流速度为63.25m/s，$Re=61980$时的水射流，其本保持了与2MPa时射流相同的特点。图7-5（d）是压力为4MPa，射流速度为89.44m/s，$Re=87653$时的水射流。由图可见，射流束与周围的环境流体具有了明显的分界，即其温度分布有较大的差异，说明此时已形成了连续的细水射流，并且在射流上半平面形成了三个明显可见的中等尺度的涡旋，在下半平面形成了许多小尺度的涡旋。图7-5（e）是压力为5MPa，射流速度为100m/s，$Re=97999$时的水射流。由图可见，环境流体的温度大大低于射流的温度，说明由于射流剪切作用，在环境流体中形成了快速度旋转的、随机分布的涡旋场。

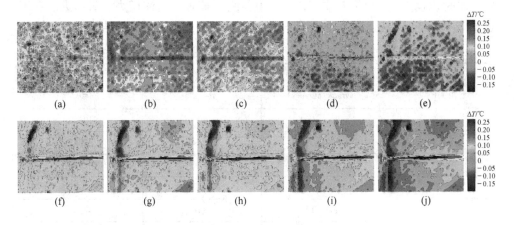

图7-5　不同射流压力下的水射流红外图像

（a）0.2MPa，$Re=19599$；（b）0.6MPa，$Re=33947$；（c）2MPa，$Re=61980$；（d）4MPa，$Re=87653$；
（e）5MPa，$Re=97999$；（f）6MPa，$Re=107353$；（g）10MPa，$Re=138591$；（h）16MPa，$Re=175322$；
（i）20MPa，$Re=195998$；（j）26MPa，$Re=223472$

　　图7-5（f）~图7-5（j）是在射流压力较大（6~26MPa）时的湍流场。图7-5（f）是压力为6MPa，射流速度为109.54m/s，$Re=107353$时的水射流。将其与第一行的射流图像对比，可见图7-5（f）的不同射流形式。在射流形成了与图7-1相似的结构，即明显可见的三个分段，射流呈发散状，说明此时射流剪切层中卷吸了大量的环境流体；同时，在环境流体中稳定的涡旋场（即拟序结构[193]），包括上半平面内的大尺度涡旋、中等尺度涡旋与小尺度涡旋组成的随机湍流区。图7-5（g）~图7-5（j）显示的湍射流是射流压力不断增大的过程，其射流雷诺数由图7-5（g）中湍射流的$Re=138591$，增加到图7-5（j）中射流的$Re=$

223472。观察图 7-5 中的第二行中的各图表征的湍流场可以发现，其射流束随雷诺数的增大不断变宽，说明卷吸的环境流体不断增多；射流的三段式结构基本保持不变；在周围环境中的涡旋场中，大涡的尺度不断增大，中等尺度的涡基本保持不变，随机湍流区的温度与水射流区的温差不断加大，代表其涡量的增加。注意，随着雷诺数的增大，下半平面中的涡旋不断增长，最后达到与上半平面基本相对称的水平，如图 7-5（j）所示。

注意到第二行的红外图像表征的射流的雷诺数（1×10⁵ 数量级）比第一行红外图像表征射流的雷诺数（1×10⁴ 数量级）大了一个数量级，其流场结构对应于两个完全不同的模式。较小雷诺的射流近似于层流，其射流束与环境流体只存在很小的能量交换；较大雷诺的射流为湍射流，射流束与环境流体间存在剧烈的动量交换。在射流压力逐渐增大的过程中，红外摄像机是以每秒一帧（frame）连续拍摄的。拍摄时间从第一帧（fram001）算起，因此每一帧图像号对应一个特定的瞬时。表 7-1 给出了对应于图 7-5 中各图的帧号、射流压力、雷诺数。在下述章节中，将应用灰度空间的图像分析理论与技术，对湍射流的结构进行分析。

表 7-1　水射流红外热成像实验记录

射流压力 /MPa	红外图像帧号 （frame number）	射流速度 /m·s⁻¹	雷诺数 （$Re = ud/\nu$）
0.2	frame 003	10	19599
0.6	frame 030	34.64	33947
2	frame 067	63.25	61980
4	frame 100	89.44	87653
5	frame 127	100	97999
6	frame 128	109.54	107353
10	frame 248	141.42	138591
16	frame 257	178.88	175322
20	frame 400	200.0	195998
26	frame 510	228.03	223472

7.4　力-热耦合原理

流体力学的能量方程源于热力学第一定律。热力学第一定律表述为：对某一流体系统所做的功和加给系统的热量，将等于系统能量的增加值。一般形式的不可压缩流体的内能方程可以表示为

$$\rho c \frac{DT}{Dt} = \mathrm{div}(k\,\nabla T) + \varphi \tag{7-38}$$

式中，D/Dt 为随体导数算子；c 为比热容（对不可压缩流体不再区分比定容热容 c_V 与比定压热容 c_p）；div 为散度运算算子；k 为流体的热传导系数；$\varphi = 2\mu S (S \geqslant 0)$ 为耗散函数，其中 S 为应变率张量。能量方程（7-38）的物理意义可以解释为：流体温度（内能）的变化，等于热传导和能量的耗散。

能量方程表达了力-热耦合的机制，是解释红外图像所依据的基本力学定律。为了说明用红外图像温度场分析射流结构的正当性，有必要分析一下用于求解平面射流（或圆截面轴对称射流）的基本方程组，来阐明力-热耦合的机理。设瞬时速度场与温度场的时均量仍用其原来的符号表示，并且忽略能量方程中的耗散项，则定常平面层流与湍流边界层综合方程组可以写为

$$\frac{\partial u}{\partial x} + \frac{\partial v}{\partial y} = 0 \tag{7-39}$$

$$u \frac{\partial u}{\partial x} + v \frac{\partial u}{\partial y} = v_e \frac{dv_e}{dx} + \frac{1}{\rho} \frac{\partial \tau}{\partial y} \tag{7-40}$$

$$u \frac{\partial T}{\partial x} + v \frac{\partial T}{\partial y} = \frac{1}{c\rho} \left(\frac{\partial q}{\partial y} + \tau \frac{\partial u}{\partial y} \right) \tag{7-41}$$

其中，

$$\tau = \mu \frac{\partial u}{\partial y} - \rho \overline{u'v'} = \rho (v + v^t) \frac{\partial u}{\partial y} \tag{7-42}$$

$$q = k \frac{\partial T}{\partial y} - \rho c \overline{v'T'} = \rho c (\alpha + \alpha^t) \frac{\partial T}{\partial y} \tag{7-43}$$

式中，v^t 与 α^t 分别为湍流（或涡）动量与能量的扩散系率（或系数）；v_e 为边界层上缘外侧的速度。对于湍流边界层问题，边界条件为

$$y = 0: \ u(x, 0) = v(x, 0) = 0, \ T(x, 0) = T_w, \ \overline{u'v'} = \overline{v'T'} = 0 \tag{7-44}$$

$$y = \infty (\delta_v): \ u = v_\infty (v_e), \ y = \infty (\delta_t), \ T = T_\infty (T_e), \ \overline{u'v'} = \overline{v'T'} = 0 \tag{7-45}$$

令 $-\rho \overline{u'v'} = 0$ 和 $-\rho c \overline{v'T'} = 0$，即可得到层流边界层的方程组。由方程组中的能量方程（7-41）可知，无论是层流运动或是湍流运动，动量的传递过程与热力学过程是耦合的（力-热耦合），且二者是正相关的关系。对于某些特定的问题，温度场与速度场是可以相互反演的，即得到了速度场，便可求得温度场，反之亦然。

经典的例子就是沿半无穷加热恒温平板层流速度与温度边界层问题，如图7-6所示[193]。

设有不可压缩流黏性均质流体沿平板做定常平面流动。在速度与温度为 v_∞ 与 T_∞ 的均匀来流中，放置一尖前缘、半无穷、零冲角的薄平板。x 与 y 轴分别

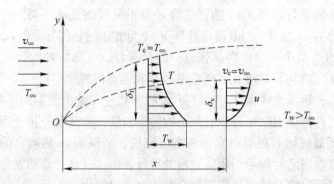

图 7-6　半无穷加热恒温平板的层流速度与温度边界层

平行于垂直于平板方向，原点 O 取在前缘处。平板加热但壁温 T_w 保持为常数。这样，在平板附近会同时形成速度与温度边界层，一般来说，它们的厚度并不相同。设流体的物理性质，如黏度系数 μ、热传导系数 k、比热容 c 均为常数，且全流场有 $v_e = v_\infty$，流场不存在压强梯度。于是能量方程（7-41）可以简化为

$$T^{*}{''} + \frac{1}{2}PrFT^{*}{'} = 0 \tag{7-46}$$

边界条件为

$$\eta = 0: \ T^{*} = 1 \tag{7-47}$$
$$\eta = \infty: \ T^{*} = 0 \tag{7-48}$$

式中，$Pr = c\mu/k$ 为普朗特数；$T^{*} = (T - T_\infty)/(T_w - T_\infty)$ 或 $T^{*} = (T - T_e)/(T_w - T_e)$；相似性变量 $\eta = y^{**}/g(x^{*})$，$y^{**} = \sqrt{Re_L}\,y^{*}$，$y^{*} = y/L$，$x^{*} = x/L$，$L$ 为平板的特征长度；$F = F(\eta)$ 为无量纲流函数，已通过求解动量方程（7-40）得到其数值。方程（7-46）的积分解由 K. 波尔豪森（K. Pohlhausen, 1921）首先得到

$$T^{*}(\eta) = \frac{\displaystyle\int_{\eta}^{\infty} \left[F''(\eta) \right]^{Pr} \mathrm{d}\mu}{\displaystyle\int_{0}^{\infty} \left[F''(\eta) \right]^{Pr} \mathrm{d}\mu} \tag{7-49}$$

当 $Pr=1$ 时，式（7-49）可积分为

$$T^{*} = 1 - F'(\eta) \tag{7-50}$$

利用式（7-51）：

$$T^{**} = \frac{T_w - T}{T_w - T_\infty} \tag{7-51}$$

式（7-50）可改写为

$$T^{**} = \frac{T_w - T}{T_w - T_\infty} = F'(\eta) = \frac{u}{v_\infty} \tag{7-52}$$

式（7-52）表明，当 $Pr=1$ 时，无量纲温度与无量纲速度 u/v_∞ 的分布相同，厚度相等。当 $Pr \neq 1$ 时，对某一给定的 Pr 数可用数值积分方法求解。K. 波尔豪森证明速度边界层 δ_v 与温度边界层 δ_t 间存在下列近似关系：

$$\frac{\delta_v}{\delta_t} = Pr^{1/3} \tag{7-53}$$

当 $Pr > 1$ 时，$\delta_t > \delta_v$；$Pr < 1$ 时，$\delta_t < \delta_v$。

从上面的讨论可知，基于力-热耦合原理，红外热成像得到的温度场完全可以反映湍流场结构，且温度场与速度场存在着正相关的关系。另外，对于湍射流的温度场结构问题，也可以从湍流标量输运的观点来研究，详细的讨论可见参考文献。

7.5 射流涡旋场的红外辐射规律

对上节中介绍的红外图像，在灰度空间做进一步的分析，可以提取射流红外辐射温度的二维与三维特征，研究湍射流的涡旋结构、射流分段结构及其时间演化特征。分析的数据是红外图像的灰度矩阵，包含 $120 \times 160 = 19200$ 个像素，代表流场的红外辐射流温度分布。每一个像素代表的实际物理尺寸可由红外摄像机的成像区域 292.1mm×392.4mm 除以 19200 个像素得到。按每个像素占有一个正方形区域计算，单个像素占有一个边长为 24.5mm 的正方形区域。因此，24.5mm 为红外图像物理分辨率的特征尺寸。

图 7-7 为压力为 2MPa，雷诺数为 61980 时的水射流结构图。图 7-7（a）为红外图像的二维等温线图，图中的等温线清晰地给出了射流的空间发展过程及其边界。左下方的单个涡旋，其等温线呈闭合轨线，中心为红外温度的极小点。由于流速较低，射流边界呈平行线层流状态，在射流轴心线上能量出现了间断。此时射流能量整体较低，射流与介质（空气）温差较小，射流处于层流状态。图 7-7（b）为该时刻流场的三维等温线图，图中射流红外辐射温度分布呈随机波动状，射流对周围环境空气的影响较小。在图 7-7（b）中可以看到与图 7-7（a）相对应的单个涡旋的三维结构。由于高压细射流的流场尺度较小，因而其涡结构可以用平面点涡模型（$v = e_\theta \Gamma/2\pi r$，$v$ 为由点涡诱导的速度场，e_θ 为单位向量，Γ 为点涡强度，r 为到点涡中心的距离）来模拟。由点涡模型可知，距点涡中心越近，流速越高，因而红外辐射温度也越低，在图 7-7（b）中可以清楚地看到涡中心处的色调最深，为红外温度的局部极小点，也就是能量的最低点。

图 7-8 为压力为 6MPa，雷诺数为 107353 时的水射流结构图。图 7-8（a）是射流的二维红外等温线图。此时射流转变为湍流，$Re=107353$ 可以认为是射流结构突变的临界雷诺数。由图 7-8 可见，射流边界沿轴线发展成为散射形状，射流外边界上的卷吸作用在图中表现为大小尺度不同的等温线区。图 7-8（a）中射流

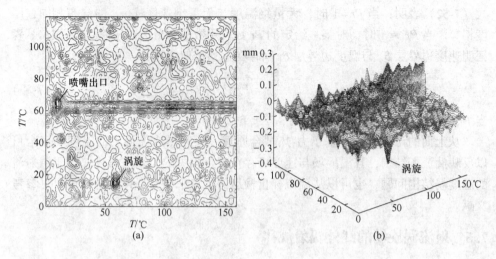

图 7-7　射流红外辐射特征（$p = 2\text{MPa}$, $Re = 61980$）

(a) 射流 2-D 外辐射特征；(b) 射流 3-D 外辐射特征

出口不远处出现了大尺度涡旋 a，涡旋呈不规则椭圆形。在此大尺度涡的下游有一个稍小的涡旋 b，这是大尺度涡沿空间运动发展的结果。图 7-8（b）反映了射流场中涡的空间发展情况，从三维角度验证了喷嘴附近剪切层外侧大尺度涡的存在及发展。由图 7-8（b）的三维等温线图可以清楚地看到大尺度涡 a 以及较小涡 b 的空间结构及其能量的极小点。

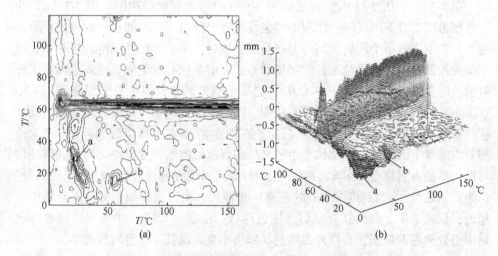

图 7-8　射流红外辐射特征（$p = 6\text{MPa}$, $Re = 107353$）

(a) 射流 2-D 外辐射特征；(b) 射流 3-D 外辐射特征

图 7-9 为压力为 26MPa，雷诺数为 223472 时的水射流结构图。图 7-9（a）

为二维红外等温线图，图 7-9（b）为三维空间等温线图。图中射流存在所谓"拟序结构"，即在射流出口处上下两侧剪切层外出现相互配对的大尺度涡旋结构。与图 7-8 相比，图 7-9 中的大涡 a 的尺度增大了。由于大涡 a 与 a1 的旋向不同，因此，其成像尺度也存在差别。在大涡 a 下游，较小尺度涡 b 仍然存在，其尺度也有所增大。随着射流速度的增加，拟序结构中配对的大涡在向下游运动的过程中逐步破裂成较小尺度的涡，使流场的湍流度增大，从图 7-7（b）~图 7-9（b）的三维等温线图中可清楚地看到这一现象。

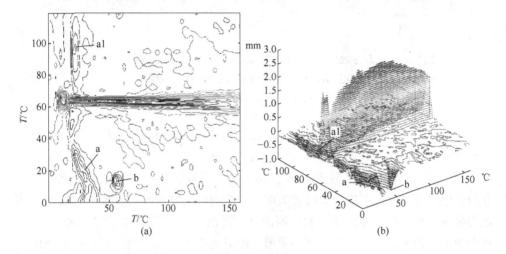

图 7-9　射流红外辐射特征（$p=26$MPa，$Re=223472$）

（a）射流 2-D 外辐射特征；（b）射流 3-D 外辐射特征

图 7-10（a）~（c）分别给出了图 7-9 中的大涡 a、大涡 a1，以及中等尺度涡 b 的红外辐射温度局部放大梯度图。由图 7-10（a）可见，大涡 a 实际上是由两个椭圆形子涡组合而成，其中一个子涡紧靠射流喷嘴出口下方，中心的坐标为（21，51），涡心梯度向量为 $\nabla T = (U, V) = (0.0276, 0.0013)$，模为 $\|\nabla T\| = 0.02763$。另一个子涡位于射流出口下方稍远处，呈现更加不规则的椭圆形，其中心位于（33，12），涡心梯度向量为 $\nabla T = (-0.0277, 0.00591)$，模为 $\|\nabla T\| = 0.0283$。由此可见，大尺度涡 a 实际上有着细致的子涡结构，而且子涡的旋向及强度不相同。图 7-10（b）为射流出口处上方的大尺度涡 a1，形状呈较为规则的椭圆形，涡心位于（24，101）处，涡心的梯度向量为 $\nabla T = (0.0805, 0.0105)$，模为 $\|\nabla T\| = 0.081$，其强度要大于下方的大涡 a。由此可知，射流出口处上下两侧出现的大尺度涡结构并非是严格对称的，并且有着精细结构，其涡的强度也不相同。图 7-10（c）给出了中等尺度的涡 b 的梯度矢量图，涡 b 自射流开始就稳定地出现，除去其尺度略有增大外，形状始终呈较为规则的圆形，涡 b 的中心位于（56，15）处，其中心处红外辐射温度梯度矢量为 $\nabla T = (0.145,$

－0.0198），模为 $\|\nabla T\|$ ＝0.1463，其强度大于喷嘴出口处的两个大涡 a 及 a1。

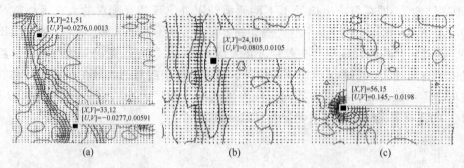

图 7-10　压力为 26MPa（Re＝223472）湍流场中大涡 a、a1，以及中等

尺度涡 b 结构的红外辐射温度的梯度矢量图

（a）大涡 a；（b）大涡 a1；（c）中等尺度涡 b

　　通过对由红外辐射温度场表征的射流结构进行平面与三维重构，详细研究了湍射流形成的涡旋场，其主要特征可以归纳如下：

　　（1）射流的转捩雷诺数为 Re＝8.36×10⁴。射流转捩后，首先在射流喷嘴下方剪切层之外，出现了单个大尺度涡旋，随着射流速度的增大，单个大尺度涡演化为喷嘴两侧剪切层外的配对大尺度涡旋，涡旋尺度随射流速度的增大而增大。高压细射流的大尺度涡呈不规则椭圆形，配对的两个大尺度涡旋向相反，因而成像尺度不同。

　　（2）拟序结构中出现的大尺度涡有着精细结构，在喷嘴出口处上下两侧配对的大涡并非严格对称，其强度不同，涡的精细结构也不相同；大涡可由两个尺度、强度、旋向均不相同的子涡构成；射流剪切层外存在稳定的较小尺度的涡，虽然其尺度较小，但其涡旋强度要大于大尺度的涡，同时也较大涡稳定。

7.6　射流分段结构的红外辐射规律

　　根据自由湍射流理论，射流的速度场自射流出口分为初始段、主体段或完全发展段，以及两者之间的过渡段。初始段定义为由喷嘴出口至等速核端断面之间的射流区；主体段是完全发展的湍流区（参见图 7-1）。为了分析等速核内的温度分布，将一般形式的不可压缩黏性流体的能量方程重写为

$$\rho c \frac{DT}{Dt} = \mathrm{div}(k\,\mathrm{grad}T) + \varphi + \rho q \qquad (7\text{-}54)$$

式中，T 为温度；k 为热传导系数；ρ 为水的密度；c 为流体比热容；q 为辐射热强度，为常数。在等速核内流速为常数，因此有：$u = v = \mathrm{const}$；另外由于等高压细射流的宽度尺度很小，故可认为 $T = T(x)$，$\partial T/\partial y = 0$，$\partial T/\partial x = \mathrm{const}$；等速核

内为无黏性流体的热流运动, 耗散函数 $\varphi = 0$, 于是等速核内的能量方程可写为

$$\rho c u \frac{\mathrm{d}T}{\mathrm{d}x} = \rho q \qquad (7\text{-}55)$$

积分上式可得在等速核内的温度分布为

$$T = \frac{q}{cu}x + \mathrm{const} \qquad (7\text{-}56)$$

其中 const 为积分常数, 可取为流场的初始温度分布。

由式 (7-56) 可知, 在等速核内势流区红外热像仪测得的只是辐射传热部分, 沿流向辐射温度为距喷嘴出口距离 x 的线性函数。因此根据等速核内温度为线性分布特点, 轴心线红外辐射温度的线性区间就可以计算射流等速核的长度。同时, 根据力热耦合原理, 红外温度表达的射流能量场与射流的速度场具有相互耦合的对应关系, 因此, 根据射流轴线与断面的红外辐射温度的分布特征与红外图像像素点的尺寸, 可以计算出射流各个段的空间尺度。

图 7-11 (a) 给出了压力 2MPa, $Re = 61980$ 下红外图像 (frame 067 见表 7-1) 沿射流轴线的温度分布。从图 7-7 的分析可知此时射流处于层流状态, 射流轴线上温度分布呈随机波动状, 射流没有出现所谓三段之分; 图 7-11 (b) 为射流轴线垂直向 $x = 20d$, $x = 65d$, $x = 100d$ (x 为射流轴向到喷嘴的距离, d 为喷嘴直径) 三个断面上的红外温度分布。由图 7-11 可以看出各断面上温度分布均为随机波动信号, 射流区温度与周围环境温度差别不大。直到第 128s (对应于 frame 128), 压力 6MPa 时射流由层流转变为湍流, 射流轴线上的红外温度分布及其断面温度分布表现出明显的差异。

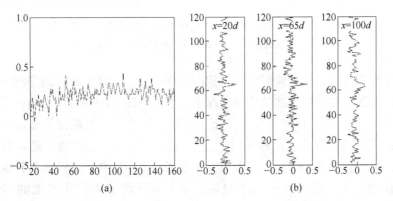

图 7-11 压力 2MPa, $Re = 61980$ 射流流场红外辐射温度分布 (frame 067)

(a) 射流轴线红外温度分布; (b) 射流不同断面温度分布

图 7-12 (a) 为第 400s (frame 400), 压力 20MPa, $Re = 195998$ 下沿射流轴线的红外辐射温度分布。由图 7-12 (a) 可见, 喷嘴出口后的 OA 段的红外辐射

温度分布呈线性，证实了由公式（7-44）得到的结论，由 OA 段所占有的横坐标的像素点数可计处得等速核的长度为 $L = 59d$。在从 B 点至射流结束的一段区间，红外辐射温度呈现出随机波动，具有完全发展的湍流的特点，因而为射流的主体段，由其间点有横坐标的像素点的数目算出主体段长度为 $D = 274d$。在 AB 两点之间的红外辐射温度即非随机波动，也非线性变化，呈现出过渡段的特点，过渡段的长度由 AB 间像素点的数目算出为 $l = 12d$。图 7-12（b）为垂直射流轴线方向 $x = 20d$，$x = 65d$，$x = 100d$ 三个断面上的红外温度分布，其中三个断面分别位于射流的初始段、过渡段及完全发展段。由图 7-12 可以看出断面红外温度分布并未出现类似速度分布的抛物线形状，而是呈现三角形脉冲的形状。脉冲高度沿射流流向逐步增大，在完全发展段达到最大值后逐步降低；三角形脉冲的宽度也随射流流向逐渐变宽。

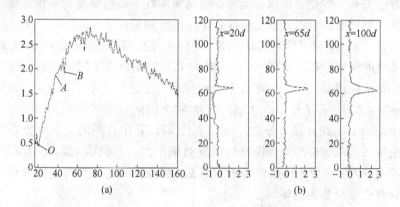

图 7-12　压力 20MPa，$Re = 195998$ 射流流场红外辐射温度分布（frame 400）
（a）射流轴线红外温度分布；（b）射流不同断面温度分布

　　红外探测得到的是射流场红外图像的时间序列，计算不同时刻湍流结构的特征长度，得到在射流速度连续增加情况下，射流分段结构随时间的演化关系，如图 7-13 所示。由图 7-13 可得规律如下：在形成湍流后，湍流的等速核段长度几乎不变；过渡段在射流速度较小时（雷诺数较小时）可以忽略，随着射流速度的增加，射流雷诺数增加，起始段与完全发展段不断远离，过渡段的长度不断地加大并在增加到一定尺度后趋于恒定；完全发展段随着射流速度的增加不断扩大。

　　通过对射流分段结构的分析，可知射流轴线上初始段的红外辐射温度呈线性分布，主体段的红外辐射温度呈现随机波动分布，过渡段的红外辐射温度即非线性，也非随机分布，而是呈现突变的特点；初始段、过渡段、主体段垂直断面上的红外辐射温度分布呈三角形脉冲状，区别于射流速度场的抛物线形状。脉冲高

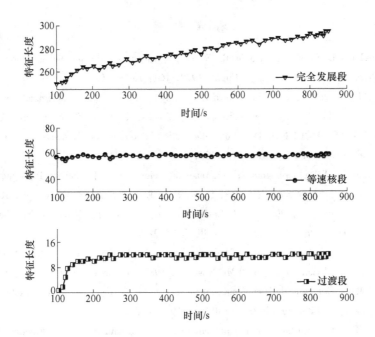

图 7-13　湍射流分段结构的时间演化规律

度沿射流流向逐步增大，在完全发展段达到最大值后逐步降低；三角形脉冲的宽度也随射流流向逐渐变宽。对采集的红外图像序列进行结构分析，可以得到射流分段结构特征尺度随时间（对应于射流压力的增加过程）的演化特征，即形成湍射流后，射流的等速核段长度几乎不变；射流完全发展段不断地扩大，同时完全发展段随着射流速度的增加不断地与起始段分离；过渡段在射流速度较小时（雷诺数较小时）可以忽略，随雷诺数增加，起始段与完全发展段的不断远离，过渡段的长度在不断地加大，并在增加到一定尺度后趋于恒定。

参 考 文 献

[1] MOUNATION D S, WEBBER J M B. Stress pattern analysis by thermal emission (SPATE) [J]. Proc. Soc. Photo-Opt. Inst. Engrs. 1978, 164: 189~196.

[2] HOLT F B, MANNING D G. Infrared thermography for the detection of delaminations in concrete bridge decks [J]. ACS Symposium Series, Aug 22~24, 1978, 1979, AGA Corp, A61~A71.

[3] MANNING D G, HOLT F B. Detection delamination in concrete bridge decks [R]. Concrete International: Design and Construction, 1980, 2 (11): 34~41.

[4] LUONG M P. Vibrothermographie infrarouge du beton [R]. Journal de Physique (Paris), 1985, 46 (8), Sponsored by: CNRS, Paris, Fr; CEA, Paris, Fr; Direction des Recherches, Etudes et Techniques; Ecole Natl Superieure de Mecanique, Nantes, Fr; Etablissement Technique Central de l' Armement, Arcueil, Fr, 529~534.

[5] LUONG M P. Infrared observation of failure processes in plain concrete [J]. Durability of Building Materials and Component, 4 DBMC November 1987, Singapore, Pergamon, 2: 870~878.

[6] LUONG M P. Detection de l' endommagement mecanique du beton par thermographie infrarouge [J]. Mecanique-Materiaux-Electricite. 1987, 419: 30~33.

[7] LUONG M P. Infrared thermography of fracture of concrete and rock [R]. Fracture of Concrete and Rock: SEM-RILEM International Conference. 1987 Sponsored by: Soc for Experimental Mechanics Inc, Bethel, CT, USA; RILEM Soc for Experimental Mechanics Inc, 561~571.

[8] LUONG M P. Infrared thermovision of damage processes in concrete and rock [J]. Engineering Fracture Mechanics 1990, 35 (1, 3): 291~301.

[9] LUONG M P. Fatigue damage detection on concrete under compression using infrared thermography [R]. ASME-ASCE-SES Joint Summer Meeting . 1997, Sponsored by: ASME; ASCE; SES ASCE, 199~213.

[10] LUONG M P. Nondestructive damage evaluation of reinforced concrete structure using infrared thermography [R]. Proceedings of SPIE-The International Society for Optical Engineering 3993 Mar 8~9 2000, 2000 Sponsored by: SPIE Society of Photo-Optical Instrumentation Engineers, 98~107.

[11] LUONG M P. Infrared thermography of macrostructural aspects of thermoplasticity [J]. Micro- and Macrostructrual Aspect of thermoplasticity. Solid Mechanics and its Application, 1999, 62: 437~446 .

[12] NAGATAKI S, KAMADA T, MATSUMOTO A. Application of infrared thermography technique for evaluation of cracks in concrete structures [J]. Zairyo/Journal of the Society of Materials Science, Japan 1997, 46 (2): 198~203.

[13] SAKAGAMI T, KUBO S, NAKAMURA S, et al. Application of lock-in data processing for thermographic NDT of concrete structures [R]. Proceedings of SPIE-The International Society for Optical Engineering 2002, 4710. Sponsored by: SPIE The International Society for Optical Engineering, 552~557.

［14］ SAKAGAMI T, KUBO S. Development of a new non-destructive testing technique for quantitative evaluations of delamination defects in concrete structures based on phase delay measurement using lock-in thermography ［J］. Infrared Physics and Technology, 2002, 43 (3, 5): 311~316.

［15］ GORNY V I, SALMAN A G, TRONIN A A, et al. The earth outgoing IR radiation as an indication of seismic activity ［J］. Proceeding of Academy of Science of the USSR, 1988, 30 (1): 67~69.

［16］ 崔承禹, 邓明德, 耿乃光. 在不同压力下岩石光谱辐射特性研究 ［J］. 科学通报, 1993, 38 (6): 538~541.

［17］ 崔承禹, 支毅乔, 张晋开. 红外遥感用于地震预报的基础实验研究 ［C］//中国科学院遥感应用研究所. 遥感科学新进展. 北京: 科学出版社, 1995: 151~160.

［18］ 邓明德, 耿乃光, 崔承禹, 等. 岩石应力状态改变引起岩石热状态改变的研究 ［J］. 中国地震, 1997, 13 (2): 179~185.

［19］ 支毅乔, 崔承禹, 张晋开, 等. 红外热像仪在岩石力学遥感基础实验中的应用 ［J］. 环境遥感, 1996, 11 (3): 161~167.

［20］ 耿乃光, 邓明德, 崔承禹, 等. 遥感技术用于固体力学实验研究的新成果 ［J］. 力学进展, 1997, 27 (2): 185~192.

［21］ 邓明德, 樊正芳, 耿乃光. 遥感用于地震预报的理论及实验结果 ［J］. 中国地震, 1993, 9 (2): 163~169.

［22］ 耿乃光, 樊正芳, 籍全权, 等. 微波遥感技术在岩石力学中的应用 ［J］. 地震学报, 1995, 17 (4): 482~486.

［23］ 樊正芳, 房宗绯, 邓明德. 微波遥感在岩土工程中应用的基础实验研究 ［J］. 电波科学学报, 2000 (04): 410~414.

［24］ 李纪汉, 耿乃光, 邓明德, 等. 钢板在拉伸过程中的红外辐射 ［J］. 北京科技大学学报, 1995, 17 (增): 200~202.

［25］ WU L X, CUI C Y, GENG N G, et al. Remote sensing rock mechanics (RSRM) and associated experimental studies ［J］. Int. J. Rock Mech. & Min. Sci., 2000, 37 (6): 879~888.

［26］ 陈健民. 地应力与岩体红外辐射现象理论初探 ［J］. 煤炭学报, 1995, 20 (3): 256~259.

［27］ 邓明德, 房宗绯, 刘晓红, 等. 水在岩石红外辐射中的作用研究 ［J］. 中国地震, 1997, 13 (3): 288~296.

［28］ 崔承禹, 肖青, 支毅乔, 等. 岩石的热模型分析 ［J］. 遥感学报, 1998, 2 (1): 32~36.

［29］ 耿乃光, 于萍, 邓明德, 等. 热红外震兆成因的模拟实验研究 ［J］. 地震, 1998, 18 (1): 83~88.

［30］ 尹京苑, 房宗绯, 钱家栋, 等. 红外遥感用于地震预测及其物理机理研究 ［J］. 中国地震, 2000, 16 (2): 140~148.

［31］ 邓明德, 钱家栋, 尹京苑, 等. 红外遥感用于大型混凝土工程稳定性监测和失稳预测研究 ［J］. 岩石力学与工程学报, 2001, 20 (2): 147~150.

[32] 吴立新. 煤岩强度机制及矿压红外探测基础实验研究 [D]. 北京：中国矿业大学，1997.

[33] 吴立新，王金庄. 煤岩受压屈服的热红外辐射温度前兆研究 [J]. 中国矿业，1997 (06)：42~48.

[34] 吴立新，王金庄. 煤岩受压红外热像与辐射温度特征实验 [J]. 中国科学（D 辑），1998, 28 (1)：41~46.

[35] WU L X, WANG J Z. Infrared Radiation Features of Coal and Rocks under Loading [J]. Int. J. Rock Mech. & Min. Sci., 1998, 35 (7)：969~976.

[36] 吴立新，王金庄，胡东宏. 遥感岩石力学八年探索回顾与展望 [C] //中国黄金学会，中国金属学会，中国有色金属学会，等. 第六届全国采矿学术会议论文集。1999：115~119.

[37] 吴立新. 遥感岩石力学及其新近进展与未来发展 [J]. 岩石力学与工程学报，2001, 20 (2)：139~146.

[38] 吴立新，李国华，吴焕萍. 热红外成像用于固体撞击瞬态过程监测的实验探索 [J]. 科学通报，2001, 46 (2)：172~176.

[39] 张东胜. 红外辐射等温区与光弹性等差线对应关系的研究 [D]. 北京：中国矿业大学，2000.

[40] 张拥军. 加载过程中光弹材料红外辐射规律及相关研究 [D]. 北京：中国矿业大学，2003.

[41] AN L Q, ZHANG D S. Quantitative analysis between infrared temperature field and photoelastic stress field [R]. Progress of the 21th International Symposium on Computer Application in the Minerals Industries, 25~27 April 2001, 689~692.

[42] 刘善军，吴立新，吴焕萍，等. 多暗色矿物类岩石单轴加载过程中红外辐射定量研究 [J]. 岩石力学与工程学报，2002 (11)：1585~1589.

[43] 吴立新，刘善军，吴育华，等. 遥感-岩石力学（Ⅳ）——岩石压剪破裂的热红外辐射规律及其地震前兆意义 [J]. 岩石力学与工程学报，2004, 23 (4)：539~544.

[44] 吴立新，刘善军，吴育华，等. 遥感-岩石力学（Ⅱ）——断层双剪粘滑的热红外辐射规律及其构造地震前兆意义 [J]. 岩石力学与工程学报，2004 (2)：192~198.

[45] 刘善军，吴立新，吴育华，等. 遥感-岩石力学（Ⅴ）——岩石粘滑过程中红外辐射的影响因素分析 [J]. 岩石力学与工程学报，2004, 23 (5)：730~735.

[46] 谢和平，尚勇，陈忠辉，等. 岩石的非线性力学研究现状与发展趋势. 非线性力学理论与实践 [M]. 徐州：中国矿业大学出版社，1997：3~9.

[47] 耿乃光，崔承禹，邓明德. 岩石破裂实验中的遥感观测与遥感岩石力学的开端 [J]. 地震学报，1992, 11：646~651.

[48] 邓明德，樊正芳，崔承禹，等. 无源微波遥感用于地震预报的实验研究 [J]. 红外与毫米波学报，1995 (06)：401~406.

[49] 刘善军，吴立新，李金平，等. 台湾恒春地震前的卫星热红外异常特征及其机理 [J]. 科技导报，2007 (06)：32~37.

[50] 谢和平. 岩石混凝土损伤力学 [M]. 徐州：中国矿业大学出版社，1990.

[51] 谢和平. 岩石蠕变损伤非线性大变形分析及微观断裂 FRACTAL 模型 [D]. 徐州：中国矿业大学，1987.

[52] 谢和平. 分形-岩石力学导论 [M]. 北京：科学出版社，1996.

[53] 蔡永恩. 热弹性问题的有限元方法及程序设计 [M]. 北京：北京大学出版社，1997.

[54] 王勖成，邵敏. 有限单元法基本原理和数值方法 [M]. 北京：清华大学出版社，1997.

[55] 谢和平，周宏伟，陈忠辉. 矿山非线性岩石力学的研究与展望 [C] // 中国煤炭学会. 世纪之交的煤炭科学技术学术年会论文集. 1997：189~195.

[56] 缪协兴. 采动岩体的非线性力学理论研究与展望. 非线性力学理论与实践 [M]. 徐州：中国矿业大学出版社，1997：19~25.

[57] 陈至达. 有限变形力学基础 [M]. 徐州：中国矿业大学出版社，2001.

[58] 陈至达. 有理力学 [M]. 徐州：中国矿业大学出版社，1988.

[59] 陈至达. 杆、板、壳大变形理论 [M]. 北京：科学出版社，1994.

[60] 戴天民，刘凤丽，陈勉. 连续介质力学引论 [M]. 沈阳：辽宁科学技术出版社，1986.

[61] 冯夏庭. 智能岩石力学导论 [M]. 北京：科学出版社，2000.

[62] 安里千，陈至达. 光弹性力学应力分析的新方法 [J]. 应用数学和力学，1988，9（5）：397~402.

[63] 赵清澄. 光测力学教程 [M]. 北京：高等教育出版社，1986.

[64] FROCHT M M. 光测弹性力学 [M]. 北京：科学出版社，1966.

[65] 天津大学材料力学教研室光弹组. 光弹性原理及测试技术 [M]. 北京：科学出版社，1982.

[66] KUSKE A，ROBERTSON G. 光弹性应力分析 [M]. 上海：上海科学技术出版社，1984.

[67] 张如一. 实验应力分析 [M]. 北京：机械工业出版社，1981.

[68] 赵清澄. 光测力学 [M]. 上海：上海科学技术出版社，1982.

[69] 崔承禹. 岩石的热惯量研究 [J]. 环境遥感，1994（03）：177~183.

[70] 耿乃光，崔承禹，邓明德，等. 遥感岩石力学及其应用前景 [J]. 地球物理学进展，1993（04）：1~7.

[71] 耿乃光，崔承禹，邓明德. 岩石破裂实验中的遥感观测与遥感岩石力学的建立 [C] // 中国岩石力学与工程学会. 第五届全国构造物理、第三届全国高温高压学术讨论会论文摘要. 1992：43~44.

[72] 崔承禹. 红外遥感技术的进展与展望 [J]. 国土资源遥感，1992（01）：16~26.

[73] 徐根兴，崔承禹，陈宁. 热液蚀变矿物遥感地物光谱形态特征和谱位特征 [J]. 红外与激光技术，1990（04）：17~24.

[74] 邓明德，尹京苑，钱家栋，等. 无源微波遥感用于监测混凝土工程稳定性的实验研究 [J]. 红外与毫米波学报，2001（02）：102~106.

[75] 吴立新，钟声，吴育华，等. 落球撞击岩石热红外辐射温度的时延特征 [J]. 中国矿业大学学报，2005（05）：557~563.

[76] CUI C Y. Detection of Infrared and microwave radiation in rock fracturing experiments：a potential remote sensing tool for earthquake forecasts [J]. Proc. 30nd Int . Geol. Congr. 1997，10：

111~123.

[77] 支毅乔, 崔乘禹, 张晋开, 等. 红外热像仪在岩石力学遥感基础实验中的应用 [J]. 环境遥感, 1996, 11: 162~167.

[78] 崔承禹, 邓明德, 耿乃光. 在不同压力下岩石光谱辐射特性研究 [J]. 科学通报, 1993, 38 (6): 538~541.

[79] 崔承禹. 岩石力学、岩石温度与红外遥感相关实验研究 [J]. 红外, 1996 (02): 49.

[80] 尹京苑, 邓明德, 钱家栋, 等. 由遥感资料反演介质应力状态的原理与数学方法 [J]. 地震学报, 2003 (04): 390~397, 451.

[81] 蔡毅, 汤锦亚. 对红外热成像技术发展的几点看法 [J]. 红外技术, 2000, 22 (2): 2~6.

[82] 李海涛, 杨振丽. 红外热像技术及其在力学测试中的应用 [J]. 实验技术与试验机, 1993, 33 (1, 2): 14~17.

[83] NAMAT-NASSER S, GUO G W, KIHL D P. Thermomechanical response of Al-6XN stainless steel over a wide strain rates and temperature [J]. Journal of the Mechanics and Physics of Solides, 2001, 49: 1823~1846.

[84] CRAMER K E, WINFREE W P, HOWELL P A, et al. Thermographic imaging of gracks in thin metal sheets [R]. Eklund JK, ed. Thermosense XIV, SPIE Proc, 1992, 1682: 162~170.

[85] CHEN J, BARROW R. Novel applications of thermal imaging in the steel industry [R]. Semanovich SA, ed. , Thermosense XVII, SPIE Proc. , 1995, 2473: 289~294.

[86] BALES M J, BISHOP C C. Orrosion/erosion detection in steel storage vessels using pulsed infrared imaging [R]. Semanovich, SA, ed. , Thermosense XVII, SPIE Proc. , 1995, 2473: 295~297.

[87] BISON P G, BRESSAN C, DI SARNO R, et al. Thermal NDE of delaminations in plastic materials by neural network processing [R]. Proc. QIRT-94, Eurotherm Seminar, 1994, 42: 214~219.

[88] BISON P G, BRAGGIOTTI A, BRESSAN C, et al. Crawling spot thermal nondestructive testing (TDT) for plaster inspection and comparison with dynamic thermography with extending heating [R]. Semanovich SA, ed. , Thermosense XVII, SPIE Proc. , 1995, 247: 53~66.

[89] GREEN D R. Thermal and infrared nondestructive testing of composites and ceramics [J]. Material Evaluation, 1971, 29 (11): 241~248.

[90] STANLEY C, BALENDRAN R V. Non-destructive testing of the extent surface of concrete buildings in Hong Kong using infrared thermography [J]. Concrete, 1994.

[91] BAUER M, GUNTRUM C H, OTA M, et al. Thermographic characterization of defeats and failure in polymer composites [J]. Proc. QIRT-92, Eurotherm Seminar, 1992, 27: 141~144.

[92] BOSHER D M, BALAGEAS D L, DEOM A A, et al. Nondestructive evaluation of carbon epoxy laminates using transient infrared thermography, Proc [R]. 19th Symposium on Nondestructive Evaluation, NTIAC, San Antonio, TX, 1988.

［93］ WONG B S, TUI C G, BAI W, et al. Thermographic evaluation of defects in composite materi-als ［J］. Insight, 1999, 41 （8）: 504~509.

［94］ TITMAN D J. Application of thermography in nondestructive testing of structures ［J］. NDT & E International, 2001, 34: 149~154.

［95］ MCCANN D M, FORDE M C. Review of NDT methods in the assessment of concrete and ma-sonry structures ［J］. NDT & E International, 2001, 34: 71~84.

［96］ GAYO E, De FRUTOS E, PALOMO A. Selective infrared thermography: application to detection of humidity in building ［R］. Proc. QIRT-94, Eurotherm Seminar, 1994, 42: 310~314.

［97］ MOROPOULOU A, KOUI, M, AVDELIDIS N P. Infrared thermography as a an NDT tool in the evaluation of materials and techniques for the protection of historic monuments ［J］. Insight, 2000, 42 （6）: 379~383.

［98］ 张幼文. 红外光学工程 ［M］. 上海: 上海科学技术出版社, 1982.

［99］ 斯达尔 K. 红外技术 ［M］. 武汉: 华中工学院出版社, 1982.

［100］ 小哈德逊 R D. 红外系统原理 ［M］. 北京: 国防工业出版社, 1975.

［101］ 张维力, 宋广礼. 热成像 ［M］. 北京: 新时代出版社, 1988.

［102］ 吴宗凡. 红外热像仪的原理和技术发展 ［J］. 现代科学仪器, 1997 （2）: 28~40.

［103］ 欧阳杰. 红外电子学 ［M］. 北京: 北京理工大学出版社, 1997.

［104］ 杨立, 寇蔚, 刘慧开, 等. 热像仪测量物体表面辐射率及误差分析 ［J］. 激光与红外, 2002, 32 （1）: 43~45.

［105］ 宋雪君, 杨颜峰. 辐射温度的检测原理及应用 ［J］. 物理, 1995, 24 （7）: 417~423.

［106］ TERUMI I, YOSHIZO O. Surface temperature measurement near ambient condition using infra-red radiometer with different detection wavelength bands by applying a gray body approximation: estimation of radiative properties for non-metal surface ［J］. NDT & E Interna-tional, 1996, 29 （6）: 363~369.

［107］ 张敬贤, 李玉舟. 微光与红外成像技术 ［M］. 北京: 北京理工大学出版社, 1995.

［108］ LIDDIARD K R. Status of focal plane detector arrays for smart IR sensors ［J］. SPIE, 1996, 2746: 72~79.

［109］ OWEN R. Producibility advances in hybrid uncooled infrared device—Ⅱ ［J］. SPIE, 1996, 2746: 101~112.

［110］ Mc EWEN R K. European uncooled thermal imaging technology ［J］. SPIE, 1994, 3061: 160~179.

［111］ 朱惜辰. 红外探测器的进展 ［J］. 红外技术, 1999, 21 （6）: 12~19.

［112］ 刘永平, 程文楷. 矿用红外测温技术的研究及其应用 ［J］. 煤炭科学技术, 1996, 24 （7）: 38~40.

［113］ 崔承禹, 支毅乔, 张晋开. 遥感科学新进展 ［M］. 北京: 科学出版社, 1995: 151~160.

［114］ 郭自强. 岩石破裂的光声效应 ［J］. 地球物理学报, 1988, 31 （1）.

[115] WU L X, WANG J Z. Infrared Radiation Features of Coal and Rocks under Loading [J]. In: J. Rock Mech. Sci, 1998, 35 (7).

[116] 崔承禹. 红外线探测技术及其在地质工作中的应用简介 [J]. 航空物探技术, 1977, 3: 1~27.

[117] 李冬田. 遥感地质学 [M]. 北京: 地质出版社, 1983: 99.

[118] 余恒昌. 矿山地热与热害处理 [M]. 北京: 煤炭工业出版社, 1991.

[119] 强祖基, 徐秀登. 卫星热红外异常——临震前兆 [J]. 科学通报, 1990, 35 (17): 1324~1327.

[120] 庞俊勇, 黄醒春. 煤矿地应力测试 [J]. 煤炭科学技术, 1991 (7): 28.

[121] 黄录基, 邓汉增. 地光 [M]. 北京: 地震出版社, 1983: 10~30.

[122] 林廷均. 中国红外产品指南 [M]. 北京: 电子工业出版社, 1990.

[123] 查尔斯 K 曼. 仪器分析 [M]. 北京: 化学工业出版社, 1983.

[124] 张芳, 付成功, 付颖煜, 等. 基于红外辐射特征的砾岩水分湿润锋的演化与追踪 [J]. 岩石力学与工程学报, 2019, 38 (S2): 3545~3553.

[125] 来兴平, 刘小明, 单鹏飞, 等. 采动裂隙煤岩破裂过程热红外辐射异化特征 [J]. 采矿与安全工程学报, 2019, 36 (04): 777~785.

[126] 周子龙, 熊成, 蔡鑫, 等. 单轴载荷下不同含水率砂岩力学和红外辐射特征 [J]. 中南大学学报 (自然科学版), 2018, 49 (05): 1189~1196.

[127] 马立强, 张东升, 郭晓炜, 等. 煤单轴加载破裂时的差分红外方差特征 [J]. 岩石力学与工程学报, 2017, 36 (S2): 3927~3934.

[128] 刘善军, 吴立新. 遥感-岩石力学在矿山中的应用前景 [C]. 中国煤炭学会矿山测量专业委员会、中国测绘学会矿山测量专业委员会、中国金属学会矿山测量专业委员会. 第七届全国矿山测量学术会议论文集. 中国煤炭学会矿山测量专业委员会、中国测绘学会矿山测量专业委员会、中国金属学会矿山测量专业委员会: 中国煤炭学会, 2007: 13~17.

[129] 方俊鑫, 陆栋. 固体物理学 (上) [M]. 上海: 上海科学技术出版社, 1981.

[130] 苟清泉. 固体物理学简明教程 [M]. 北京: 人民教育出版社, 1978.

[131] ZEMANSKY M W, DITTMAN R H. Heat and thermodynamics [M]. 北京: 科学出版社, 1987.

[132] 霍尔曼 J P. 热力学 [M]. 北京: 科学出版社, 1986.

[133] 王仁, 黄克智, 朱兆祥. 塑性力学进展 [M]. 北京: 中国铁道出版社, 1988.

[134] 郭文奇. 综放采场巷道围岩变形破坏规律的红外探测研究 [D]. 北京: 中国矿业大学 (北京), 2006.

[135] 杨阳, 梅力, 刘浩, 等. 不同水温浸泡后粉砂岩破裂过程红外辐射特性研究 [J]. 中国矿业, 2017, 26 (06): 149~153.

[136] 吴贤振, 高祥, 赵奎, 等. 岩石破裂过程中红外温度场瞬时变化异常探究 [J]. 岩石力学与工程学报, 2016, 35 (08): 1578~1594.

[137] 张艳博, 梁鹏, 刘祥鑫, 等. 基于多参量归一化的花岗岩巷道岩爆预测试验研究 [J].

岩土力学, 2016, 37 (01): 96~104.

[138] ASTARITA T, CARLOMAGNO G M. Infrared thermography for thermo-fluid-dynamics [M]. Berlin Heidelberg: Springer-Verlag, 2013.

[139] BAEHR H D, STEPHAN K. Heat and mass transfer [M]. Berlin: Springer, 2006.

[140] CHANG S L, RHEE K T. Black body radiation functions [M]. Int. Comm. Heat Mass Transfer, 1984, 11: 451~455.

[141] 葛云峰, 唐辉明, 王亮清, 等. 剪切荷载下贯通结构面应变能演化机制研究 [J]. 岩石力学与工程学报, 2016, 35 (06): 1111~1121.

[142] DELLO I G. An improved data reduction technique for heat transfer measurements in hypersonic flows [D]. Phd Thesis, www. fedoa. unina. it/3039/1/delloioio_2008. pdf, Universita di Napoli, 2008.

[143] GAUSSORGUES G. Infrared thermography [M]. English language edition translated by S. Chomet. Springer Science+Business Media Dordrecht, 1994.

[144] 来兴平, 孙欢, 单鹏飞, 等. 急倾斜坚硬岩柱动态破裂"声-热"演化特征试验 [J]. 岩石力学与工程学报, 2015, 34 (11): 2285~2292.

[145] GEBBIE H A, HARDING W R, HILSUM C, et al. Atmospheric Transmission in the 1 to 14μm Region [M]. Proc. Royal Society A, 1951, 206: 87~107.

[146] 黄曦. 高真实感红外场景实时仿真技术研究 [D]. 西安: 西安电子科技大学, 2014. .

[147] 赵清澄. 实验应力分析 [M]. 北京: 科学出版社, 1987.

[148] 天津大学材料力学教研室. 光测原理及测试技术 [M]. 北京: 科学出版社, 1972.

[149] HALLIDAY D, RESNICK R, WALKER J. Fundamentals of Physics [M]. 7th ed. Higher Education Press: Beijing, 2005.

[150] HUDSON R D. Infrared system engineering [M]. New York: Wiley Interscience, 1969.

[151] MALDAGUE X P V. Nondestructive evaluation of materials by infrared thermography [M]. New York: Springer-Verlag, 1993.

[152] SIEGEL R, HOWELL J R. Thermal radiation heat transfer [M]. Washington, DC: Taylor & Francis, 1992.

[153] ZHANG J Q, FANG X P. Infrared physics [M]. Xian: XIDIAN University Press, 2004.

[154] 马立强, 李奇奇, 曹新奇, 等. 煤岩受压过程中内部红外辐射温度变化特征研究 [J]. 中国矿业大学学报, 2013, 42 (03): 331~336.

[155] 金永君. 红外热成像检测复合材料的缺陷 [J]. 煤矿机械, 2004 (09): 138~140.

[156] 赵远. 层状煤巷破坏过程实验研究 [D]. 北京: 中国矿业大学 (北京), 2009.

[157] 尹协振, 续伯钦, 张寒虹. 实验力学 [M]. 北京: 高等教育出版社, 2012.

[158] FUMAGALLI E. Statical and geomechanical models [M]. New York: Springer, 1973.

[159] FUMAGALLI E. Geomechanical models of dam foundation [M]. In: Proceedings of the International Colloquium on Physical and Geomechanical Models, Bergamo, Italy: 1979.

[160] 李鸿昌. 矿山压力的相似模拟试验 [M]. 徐州: 中国矿业大学出版社, 1987: 7~13, 54~64.

[161] 何鹏飞. 水平层状结构软岩巷道破坏过程中的裂纹扩展研究 [D]. 北京：中国矿业大学, 2012.

[162] 陈衡. 红外物理学 [M]. 北京：国防工业出版社, 1985.

[163] 张建奇, 方小平. 红外物理 [M]. 西安：西安电子科技大学出版社, 2004.

[164] 程玉兰. 红外诊断现场实用技术 [M]. 北京：机械工业出版社, 2002.

[165] 籍远明. 锚杆与围岩相互作用的红外辐射规律实验研究 [D]. 北京：中国矿业大学（北京）, 2005.

[166] 石晓光, 宦克为, 高兰兰. 红外物理 [M]. 杭州：浙江大学出版社, 2013.

[167] 吴立新, 刘善军, 吴育华. 遥感-岩石力学引论 [M]. 北京：科学出版社, 2006.

[168] 王瑞凤, 杨宪江, 吴伟东. 发展中的红外热成像技术 [J]. 红外与激光工程, 2008 (S2)：699~702.

[169] 雷玉堂. 红外热成像技术及在智能视频监控中的应用 [J]. 中国公共安全（市场版）, 2007 (08)：114~120.

[170] 杨立, 寇蔚, 刘慧开, 等. 热像仪测量物体表面辐射率及误差分析 [J]. 激光与红外, 2002, 32 (1)：43~45.

[171] 张明义. 海域采煤覆岩破坏规律及巷道支护技术的研究 [D]. 北京：中国矿业大学（北京）, 2006.

[172] SIEGEL R, HOWELL J R. Thermal radiation heat transfer [M]. 3rd edition. New York：Hemisphere, 1972.

[173] SUGANTHI S S, RAMAKRISHNAN S. Anisotropic diffusion filter based edge enhancement for segmentation of breast thermogram using level sets [J]. Biomedical Signal Processing and Control, 2014, 10：128~1236.

[174] WU L X, LIU X J, WU Y H, et al. Changes in infrared radiation with rock deformation [J]. International Journal of Rock Mechanics and Mining Sciences, 2002, 39：825~831.

[175] GONG W L, GONG Y X, LONG A F. Multi-filter analysis of infrared images from the excavation experiment in horizontally stratified rock [J]. Infrared Physics & Technology, 2013, 56：57~68.

[176] 宫宇新, 龙爱芳, 宫伟力, 等. 湍射流红外热成像及其图像处理 [J]. 红外, 2012, 33 (05)：42~47.

[177] 张东胜, 王霞, 安里千. 一种红外热像文件及其图像的处理方法 [J]. 光学技术, 2003, 29 (03)：334~336, 340.

[178] 宫伟力, 何鹏飞, 江涛, 等. 小波降噪含水煤岩单轴压缩红外图像特征 [J]. 华中科技大学学报（自然科学版）, 2011, 39 (06)：10~14, 23.

[179] TIAGO B B, AURA C, RITA C F L, et al. Breast thermography from an image processing viewpoint：A survey [J]. Signal Process, 2013, 93：2785~2803.

[180] 冈萨雷斯. 数字图像处理 [M]. 北京：电子工业出版社, 2005.

[181] GONG W L, PENG Y Y, HE M C, et al. Enhancement of low-contrast thermograms for detecting the stressed tunnel in horizontally stratified rocks [J]. International Journal of Rock Me-

chanics and Mining Sciences, 2015, 74: 69~80.

[182] ZENG M, LI J, PENG Z. The design of top-hat morphological filter and application to infrared target detection [J]. Infrared Physics & Technology, 2006, 48: 67~76.

[183] BAI X Z, ZHOU F G, XUE B D. Infrared image enhancement through contrast enhancement by using multiscale new top-hat transform [J]. Infrared Physics & Technology, 2011, 54 (2): 61~69.

[184] TANG X W, DING H S, YUAN Y E, et al. Morphological measurement of localized temperature increase amplitudes in breast infrared thermograms and its clinical application [J]. Biomedical Signal Process Control, 2008, 3: 312~318.

[185] SOILLE P. Morphological image analysis-Principles and applications [M]. New York: Springer, 2004.

[186] CHERMANT J L, COSTER M. Role of mathematical morphology in filtering, segmentation and analysis [J]. Acta Stereol, 1994, 13: 125~136.

[187] BLOOMFIELD P. Fourier analysis of time series-an introduction (second edition) [M]. New York, John Wiley & Sons, Inc, 2000.

[188] HE M C, GONG W L, LI D J, et al. Physical modeling of failure process of the excavation in horizontal strata based on IR thermography [J]. Mining Science and Technology (China), 2009, 19 (6): 689~698.

[189] READ M D, AYLING M R, MEREDITH P G, et al. Microcracking during triaxial deformation of porous rocks monitored by changes in rock physical properties, II. Pore volumometry and acoustic emission measurements on water saturated rocks [J]. Tectonophysics 1995, 245 (3~4): 223~235.

[190] LU C P, DOU L M, LIU H, et al. Case study on microseismic effect of coal and gas outburst process [J]. International Journal of Rock Mechanics and Mining Sciences, 2012, 53: 101~110.

[191] SHEN B, KING A, GUO H. Displacement, stress and seismicity in roadway roofs during mining-induced failure [J]. International Journal of Rock Mechanics and Mining Sciences, 2008, 45: 682~688.

[192] PHILIP M B, SERGIO V, PHILIP G M, et al. Spatio-temporal evolution of volcano seismicity: A laboratory study [J]. Earth and Planetary Science Letters, 2010, 297 (1~2): 315~323.

[193] 周光坰, 严宗毅, 许世雄, 等. 流体力学 (下册)[M]. 北京: 高等教育出版社, 2012.

[194] 赵学端, 廖其奠. 粘性流体力学 [M]. 北京: 机械工业出版社, 1981.

[195] HUA F, MICHAEL G O, JAMES C H, et al. Fox. Investigation of passive scalar mixing in a confined rectangular wake using simultaneous PIV and PLIF [J]. Chemical Engineering Science, 2010, 65: 3372~3383.

冶金工业出版社部分图书推荐

书　名	作　者	定价(元)
全尾砂絮凝行为及其优化应用研究	阮竹恩	60.00
矿产开发利用简明知识手册	武秋杰	50.00
金属露天矿 4D 生产排产建模与优化算法	闫宝霞	66.00
多矿脉集群开采方法与结构稳定性	汪　朝	57.00
小秦岭金矿区矿渣型泥石流成因机理及防治对策	杨　敏	25.00
高海拔矿井动态送风补偿优化及局部增压技术	聂兴信	48.00
高温矿井热湿环境对矿工安全的影响机理及 　热害治理对策	聂兴信	54.00
浅埋非充分垮落采空区下开采覆岩活化失稳机理	朱德福	58.00
姑山矿区大水软破多变铁矿床开采技术	朱青山	158.00
有色金属矿山企业财务风险预警系统	刘贻玲	47.00
钼精矿价格动态预测方法、理论及模型	聂兴信	45.00
硫化铜镍矿浮选中镁硅酸盐矿物强化分散–同步 　抑制的理论及技术	龙　涛	45.00
金属矿膏体流变学	吴爱祥	185.00
卸压开采理论与实践	李俊平	48.00
新时代冶金矿山企业高效开采管理模式 　——中钢富全矿业管理创新之路	连民杰	65.00